HANGKONG YAOGAN WEIZHI ZITAI CELIANG XITONG WUCHA CHULI FANGFA YANJIU

航空遥感位置姿态测量系统误差处理方法研究

陈霖　周廷　著

西北工业大学出版社

西　安

【内容简介】 由于位置姿态测量系统(POS)工作环境复杂恶劣引起的惯性器件误差和系统输出参数中的随机误差现象十分严重，在POS器件精度不变的情况下，POS的测量精度和性能的高低取决于对其各种误差源的有效处理。本书主要介绍了POS的高精度误差建模、POS的高精度重力扰动补偿方法、GPS失锁情况下POS组合定姿定位方法以及POS在高分辨率机载SAR运动补偿中的高精度数据处理方法等。

本书作者长期从事惯性导航、惯性/卫星组合导航理论方法的研究工作，因此，本书内容新颖、实用，具有较大的参考价值，适合导航专业及相关专业的高年级大学生、研究生和从事惯性/卫星组合导航技术工作的科研技术人员阅读参考。

图书在版编目(CIP)数据

航空遥感位置姿态测量系统误差处理方法研究/陈霖周廷著．—西安：西北工业大学出版社，2018.8
ISBN 978-7-5612-5980-1

Ⅰ.①航… Ⅱ.①陈… Ⅲ.①航空遥感—测量系统—误差—处理—研究 ②航空遥感—测量系统—误差—处理—研究 Ⅳ.①TP72

中国版本图书馆CIP数据核字(2018)第100821号

策划编辑：杨　军
责任编辑：何格夫

出版发行：西北工业大学出版社
通信地址：西安市友谊西路127号　　邮编：710072
电　　话：(029)88493844　88491757
网　　址：www.nwpup.com
印 刷 者：陕西奇彩印务有限责任公司
开　　本：727 mm×960 mm　　1/16
印　　张：9.25
字　　数：150千字
版　　次：2018年8月第1版　　2018年8月第1次印刷
定　　价：79.00元

前　言

位置姿态测量系统(Position and Orientation System，POS)作为高分辨率航空遥感系统运动补偿的一种关键技术，其主要构成部分为捷联惯导系统(Strapdown Inertial Navigation System，SINS)和全球卫星定位系统(Global Position System，GPS)。POS将SINS数据短期精度高、输出数据频率高的优点和GPS数据长期稳定性好、不随时间漂移的优点集为一体，进行了SINS/GPS数据融合处理，可为遥感载荷的运动补偿提供高精度的位置、速度和姿态信息。

由于POS工作环境复杂恶劣引起的惯性器件误差和系统输出参数中的随机误差现象十分严重，因而在POS器件精度不变的情况下，POS的测量精度和性能的高低取决于对其各种误差源的有效处理。本书主要介绍POS高精度系统误差建模方法、POS高精度重力扰动补偿方法、长时间GPS失锁情况下POS组合定姿定位方法以及POS在高分辨率机载SAR运动补偿中的高精度数据处理方法。

本书是集体智慧的结晶。陈霖周廷副教授负责全书内容的编写和优化，从整体上构建了全书的思路、框架和主题内容，对每章的内容进行了仔细的审核并最后定稿；刘占超博士负责POS在高分辨率SAR实时成像运动补偿中的数据处理与结果分析工作；何玉潘博士负责书稿的编校工作。

北京航空航天大学(简称“北航”)刘刚教授和中国科学院(简称“中科院”)地球化学研究所黄智龙研究员对本书进行了仔细的审阅，并提出了很多宝贵的意见和建议，我们对此表示衷心感谢。同时，出版本书受到了中共中央组织部“西部之光”访问学者人才培养计划、贵州省“航空宇航科学与技术特色重点培育学位”、国家自然科学基金地区科学基金项目(61763005)和贵州省自然科学基金项目(黔科合基础[2017]1069)的大力支持和资助，写作本书参阅了大量的相关文献资料，在此，我们一并表示感谢。

由于水平有限，书中难免存在不妥之处，恳请广大读者批评指正。

著　者

2017年11月

目　　录

第1章 绪　　论

1.1 研究背景及意义

航空对地观测是以飞行器为载体，利用遥感成像载荷获取可见光和微波等各类高分辨率对地观测数据，经数据处理形成对地观测信息，用于高精度基础测绘、军事侦察、灾害监测及预警、自然资源勘查、环境监测以及气象水文探测等重大领域的一种尖端综合性技术（见图1－1）。航空遥感通过飞行器平台获得关于地表和目标物体性质的可靠信息，在机动性、实时性、可重复观测性、遥感设备可更换性、获取高分辨率遥感数据能力、经济成本以及三维立体观测等很多方面，都具备独特的优势，对国家经济建设和国家安全具有重大作用[1]。航空遥感系统主要由飞行载体、遥感载荷及数据处理系统三部分组成，获取微波、红外线、可见光等多谱段电磁波对地观测数据，经数据处理得到可解读、可认知的对地观测信息[2]。然而，随着航空对地观测技术的深入发展，对航空遥感系统的连续、实时、高分辨率成像的能力也提出了更高需求，这已成为当今世界高速发展和激烈竞争的技术领域[3-9]。

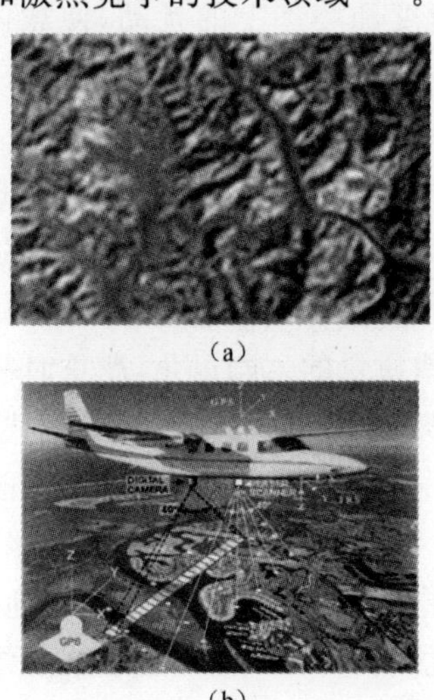

（a）

（b）

图1－1　高分辨率对地观测应用领域

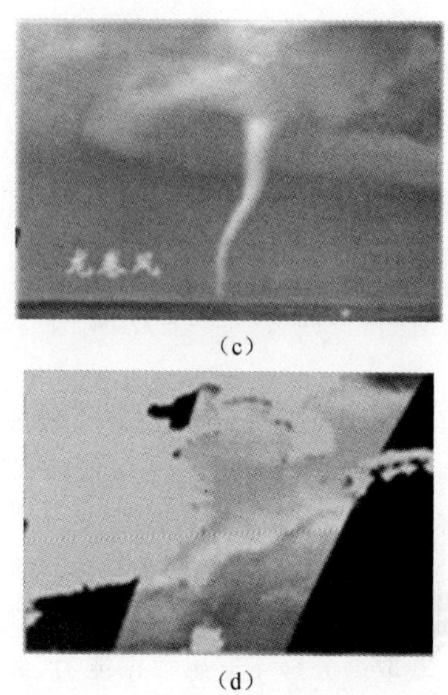

(c)

(d)

续图 1-1　高分辨率对地观测应用领域

(a)空间信息构建;(b)地理信息测绘;(c)天气预测;(d)海洋环境遥感

航空遥感载荷(数字相机、合成孔径雷达、激光雷达等)在进行高分辨率成像时,理想的载体运动状态是距离地面恒定高度按照匀速直线的方式相对于目标运动[10]。由于实际飞行受气流、高空风及载体自身性能等诸多因素的影响,造成载体在轨迹、速度和姿态上的扰动,使载体偏离理想的运动状态。由此产生的运动误差,将导致遥感图像几何失真、分辨率降低、对比度损失[11-14]。合成孔径雷达(Synthetic Aperture Radar, SAR)等微波成像载荷成像时都依赖天线相位中心的位置和速度信息,尤其是需要进行干涉成像的SAR,更需要高精度姿态信息。在成像过程中微小的高频运动误差都会引起复杂的栅瓣效应及信噪比恶化,低频运动转变为高频运动并引起高频相位误差,从而导致合成孔径成像质量的急剧退化,严重时甚至不能成像。机载三维激光雷达(Lidar)等扫描成像载荷的工作方式是在飞行过程中利用激光光束均匀扫描,只有利用光束发射点的三维空间坐标,才能形成均布的点云图。而运动误差将导致测量影像数据坐标的偏移,引起图像的严重畸变[15]。机载面阵数字航空摄影相机、机载高光谱成像仪等光学对地观测载荷,也都需要载荷成像中心的位置、姿态信息,以实现多幅对地观测图像的拼接以及无地面控制点成图,否则难以校正图像畸变,无法顺利地进行图像拼接[16]。机载气象雷达等非成像载荷如果没有速度和姿态信息，无法实现对大气物理变化过程和云团三维结构的精细化探测[17]。图 1-2 所示为以合成孔径雷达为例，给出载体在理想均速直线运动和实际运动下的遥感成像效果对比，由此可见，实际载体运动中产生的运动误差对遥感成像分辨率具有不可忽视的影响，在成像算法中，必须准确掌握飞行器相对理想航迹的运动误差。为实现航空对地观测的高分辨率成像，必然要精确测量出载荷的位置、速度和姿态等运动参数，并在成像过程中进行运动误差的补偿，从而才能实现遥感图像像质的退化抑制。

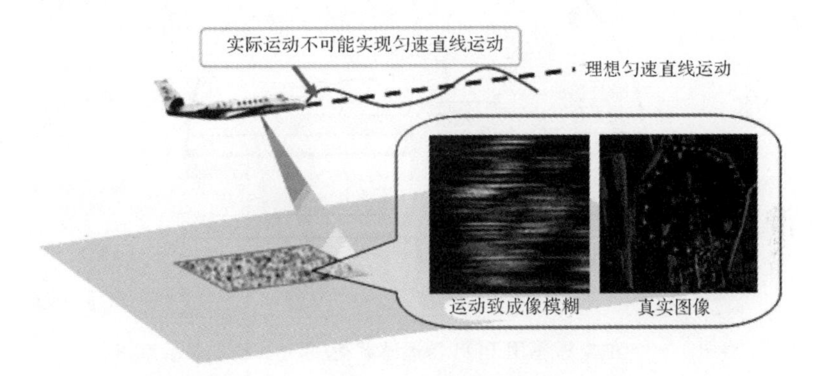

图 1-2　运动误差导致 SAR 成像质量退化

位置姿态测量系统(Position and Orientation System, POS)作为航空遥感运动补偿的一种通用载荷，主要由捷联惯性导航系统(Strapdown Inertial Navigation System, SINS)和全球定位系统(Global Position System，GPS)组成，能获取运动载体的位置、速度和姿态数据信息[18-19]。SINS 中的捷联式惯性测量单元(Inertial Measurement Unit，IMU)由三只陀螺和三只加速度计组成[20]，具有短时高精度、完全自主式、齐全的位置速度姿态信息输出和数据更新频率高的优点，但 SINS 的导航误差随时间积累增长；GPS 具有长时稳定性，导航误差不随时间无约束发散的优点，但 GPS 存在动态环境中可靠性差、一般只提供定位和测速并且数据更新频率低的缺点。综上可知，SINS 和 GPS 各有优势且具有互补性，因此 POS 将 SINS 和 GPS 组合起来，集合了 SINS 数据短期精度高、输出数据频率高、不受外部环境干扰和 GPS 数据长期稳定性好、误差不随时间漂移的优点于一体，可以为遥感载荷的成像运动补偿提供高精度的位置、速度和姿态信息[21-22]。图 1-3 所示是以雷达为例，展示了航空遥感用 POS 与遥感载荷联合飞行实验的典型安装形式。不难看出，POS 能够为各类无人机和有人机对地观测载荷提供高精度位置、速度和姿态信息和时间基准信息，是航空对地观测系统实现高分辨率实时成像的关键设备之一。同时惯性与卫星组合导航技术的发展，也为航空遥感系统多传感器集成提供了必要条件，POS数据与遥感载荷数据进行联合处理，可以极大程度地提高工作效率和对地观测成果的质量。

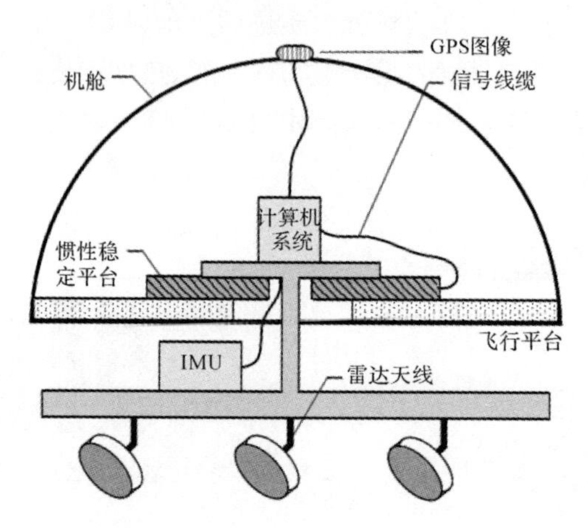

图1-3　航空遥感用POS与遥感载荷(雷达)的安装示意图

必须指出的是，航空遥感用POS与传统的导航用INS/GPS组合系统有明显区别。传统的INS/GPS组合系统一般安装于环境较稳定的飞机机舱内，且由于偏重导航的目的，IMU通常加装温控、减震等附属设备，导致IMU体积、质量较大。相对而言，航空遥感用POS的各部件既要尺寸小，易于与遥感载荷安装固连，又要测量精度高，满足运动补偿的精度要求。总之，航空遥感对POS提出了小体积、高精度和较强环境适应性的苛刻要求。直接导致的结果是，一方面为了与载荷的机械安装接口适配性好，要求IMU小体积、轻质量，这限制了体积更大、性能更优的惯性器件的使用，只能选择器件尺寸与精度折中的惯性传感器和结构紧凑的IMU设计方案；另一方面，为了高分辨率的运动补偿成像，要求POS具备长时间、高精度的运动参数测量性能，这对已有的系统数据融合方法提出了更高的要求。这两方面的挑战更加凸显了开展POS系统误差估计与补偿算法研究的重要性。既要挖掘、消除惯性传感器中潜在的误差，提高系统的测量精度，又要针对IMU外界干扰，及时估计和补偿未知误差，保证系统能够胜任各种环境下的工作要求。因此，在进行POS机械、电路等硬件可靠性设计的同时，要着重于从系统误差的建模、估计与补偿等算法方面开展研究，从软、硬件两个层面保证系统的精度性能和环境适应性，满足航空遥感应用的需求。

随着遥感技术的不断发展，高精度的运动补偿日益显示出其重要性，对 POS 的测量精度和性能提出了越来越高的要求。在不更换 POS 硬件的情况下，POS 测量精度和性能的高低取决于对其各种误差源的正确处理。POS 主要是由惯性传感器和 GPS 接收机组合而成的机电一体化设备，其测量精度必然受到传感器工作环境、机械结构热力学特性、信号传输抗干扰性、信号处理算法等的影响。在航空遥感作业过程中，受不同干扰源激励的、具有时变性的未知误差，系统往往无法事先采取预防措施应对。若依然采用常规的误差估计处理方法，潜在的隐患会严重制约 POS 的精度与性能。

影响 POS 精度和性能的误差源[23]主要可分为以下 4 类：

1）通用的 POS 误差模型，不能完全准确地描述航空遥感用 POS 所用惯性传感器特有的误差特性，或忽视了某些未建模器件误差对航空遥感成像质量的重要影响，因此导致部分确定性误差无法通过常用的误差标定与补偿方法消除，影响 POS 精确测量的潜力。

2）由于受到多变的航空遥感环境影响，通常被视为常值的陀螺和加速度计残余的偏置误差，可能发生未知的实时变化，由此导致 POS 不能有效估计时变器件误差，误差在系统内传播引起组合性能和测量精度的下降。

3）由于环境干扰因素和器件本身属性的变化，陀螺和加速度计的随机误差统计特性发生改变，通过实验室测定的统计模型参数与实际情况不再匹配，由此导致滤波器的估计性能变差，系统测量的精度下降。

4）惯性传感器误差，如陀螺随机漂移、加速度计随机偏置、惯性传感器刻度因子和安装误差的标校残差；POS 导航计算中的数学模型误差，如重力模型的近似误差；GPS 量测失锁误差；POS 数据对遥感载荷运动补偿的应用误差。

为了实现 POS 高精度位置姿态测量，航空遥感用 POS 系统必须高精度地测量位置、速度和姿态等多种运动参数，因而其本质上是一个测量设备[24]。提高测量设备性能的关键，就是在从传感器信号处理到系统数据融合的各个阶段，准确估计并补偿 POS 存在的各类误差，消除误差带来的负面影响。本书针对 POS 中的惯性器件误差源进行了深入的分析，在传统误差模型的基础上进行了系统误差状态扩维，建立了精确的高阶误差模型，提高了 POS 的位置和姿态测量精度；针对真实重力场与模型重力之间存在的偏差引起的重力扰动问题，通过研究重力扰动补偿的方法，提出一种适用于陌生测区的重力扰动补偿方法，修正 POS 导航计算中的数学模型误差，提高了 POS 的姿态测量精度；为解决 POS 在实际应用中常出现 GPS 失锁的问题，研究了长时间无量测信息情况下 POS 精确定姿定位的方法，提升了 POS 的性能；为满足 SAR 成像运动补偿对 POS 测量结果数据的特殊需求，通过研究 SAR 成像机理和 POS 导航解算的机制，提出一种基于滤波校正值平滑的 POS 数据处理方法，适用于 SAR 实时成像运动补偿。

1.2 POS 的研究现状

从 20 世纪中叶以来，经过近 60 年的发展，高分辨率对地观测技术取得了巨大的进步，并不断地向更高遥感成像分辨率的方向迈进。随之对遥感载荷成像高精度的运动补偿日益显示出其重要性，因此基于高精度 POS 的直接地理参考的高分辨率对地观测成为近年来遥感界的一个研究热点。在高分辨率遥感对地观测技术的牵引下，美国及欧洲等发达国家争相研制各自的高分辨率对地观测成像运动补偿用高精度 POS，并着力研究 POS 的高精度定姿定位解算方法，充分挖掘 POS 的测量精度。近年来，我国在高精度 POS 的研制方面也取得了较大的进展，但同国外相比仍存在较大差距。

当前，国际上的 POS 系统已经达到了很高的技术指标，最典型的产品是加拿大 APPLANIX 公司研制的 POS/AV 系列[25]，包括 POS/AV310，POS/AV410，POS/AV510，POS/AV610，如图 1-4 所示。其中 POS/AV610 采用了高精度激光陀螺 IMU 与 GPS 组合，通过离线处理后的水平姿态精度与航向精度分别达到 0.002 5°和 0.005°，具体技术指标见表 1-1。各项性能参数均指误差的均方根误差(Root Mean Square Error，RMS)，其中，C/A GPS 表示利用粗码进行单点定位；RTK 表示实时载波相位差分定位。

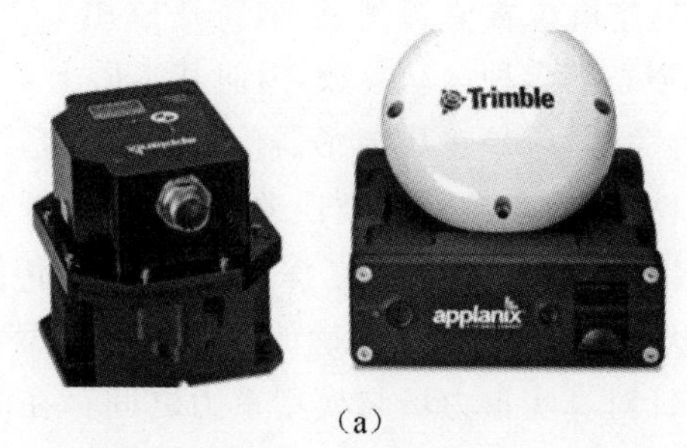

(a)

图 1-4　加拿大 APPLANIX 公司的 POS/AV 系列产品

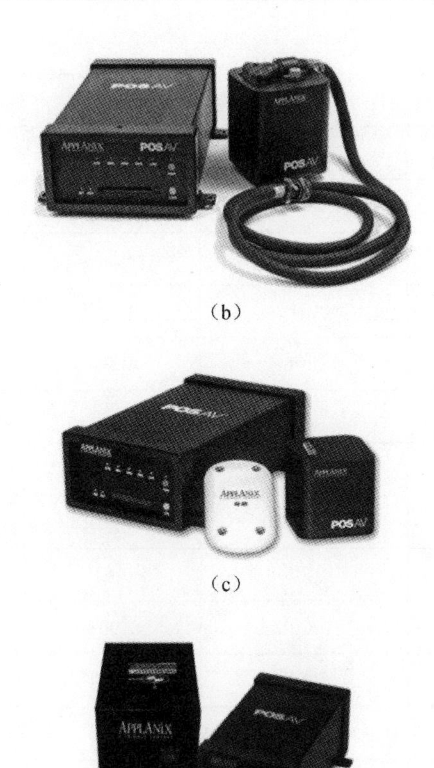

（b）

（c）

（d）

续图 1 - 4　加拿大 APPLANIX 公司的 POS/AV 系列产品

(a)POS/AV 310;(b)POS/AV 410;(c)POS/AV 510;(d)POS/AV 610

表 1 - 1　加拿大 APPLANIX 公司 POS/AV 系列产品性能参数

POS/AV 310			
性能指标	C/A GPS	RTK	事后处理
位置/m	4.0～6.0	0.1～0.3	0.05～0.3
速度/(m・s^{-1})	0.05	0.01	0.075
横滚和俯仰/(°)	0.03	0.03	0.015
航向/(°)	0.1	0.07	0.035

续　表

POS/AV 410			
性能指标	C/A GPS	RTK	事后处理
位置/m	4.0～6.0	0.1～0.3	0.05～0.3
速度/(m·s^{-1})	0.05	0.01	0.005
横滚和俯仰/(°)	0.015	0.015	0.008
航向/(°)	0.08	0.04	0.015
POS/AV 510			
性能指标	C/A GPS	RTK	事后处理
位置/m	4.0～6.0	0.1～0.3	0.05～0.3
速度/(m·s^{-1})	0.05	0.01	0.01
横滚和俯仰/(°)	0.008	0.008	0.005
航向/(°)	0.07	0.04	0.008
POS/AV610			
性能指标	C/A GPS	RTK	事后处理
位置/m	4.0～6.0	0.1～0.3	0.05～0.3
速度/(m·s^{-1})	0.03	0.01	0.005
横滚和俯仰/(°)	0.005	0.005	0.002 5
航向/(°)	0.03	0.02	0.005

瑞士 Leica 公司为了节约航空数据生产时间和成本，提高项目进行效率，研发了高精度定位定向系统 IPAS20[26]，如图 1－5 所示。Leica 公司在 ADS80 机载数字航空摄影测量系统及 ALS60 机载激光扫描系统中都集成了 IPAS20，其在航空摄影的各种不同制图项目中降低了对空三加密的需要，减少了对地面控制点的需求，方便了数据生产质量的控制。IPAS20 目前有 4 款 IMU 可供选择，分别为 NUS4，DUS5，NUS6 和 CUS6，具体技术指标见表 1－2。

图 1-5　瑞士 Leica 公司的 IPAS20 产品

表 1-2　瑞士 Leica 公司 IPAS20 性能参数

IMU 类型		NUS4	DUS5	NUS5	CUS6
事后处理精度	位置/m	0.05～0.3	0.05～0.3	0.05～0.3	0.05～0.3
	速度/($m \cdot s^{-1}$)	0.005	0.005	0.005	0.005
	横滚和俯仰/(°)	0.008	0.005	0.005	0.002 5
	航向/(°)	0.015	0.008	0.008	0.005

德国 IGI 公司研制开发的高精度定位定向系统 AEROcontrol[27]，由一台集成高端 GPS 接收机的传感器管理装置 SMU 和一个基于光纤陀螺或 MEMS 陀螺的 IMU 组成。AEROcontrol 对航摄仪、激光雷达等遥感载荷的位置和姿态信息进行直接精确测量，结合空间三角测量进行位置姿态数据联合平差，可以达到大比例尺测图或工程测量的要求，并可大大减少对地面控制点的需求或根本无需地面控制点。AEROcontrol 由 MEMS 陀螺构成的 IMU 型号有 2 种，由光纤陀螺构成的 IMU 型号有 3 种，各型 IMU 的体积和安装方式均相同，但由于内部处理算法不同，测量精度有差别，可以满足不同用途测量任务的需求。AEROcontrol 的实物图和与稳定平台的联合安装图分别如图 1-6 和图 1-7 所示。具体技术指标见表 1-3。

图 1-6 德国 IGI 公司的 AEROcontrol 系统的 IMU 和 SMU

图 1-7 德国 IGI 公司的 AEROcontrol 系统与稳定平台的安装图

表 1-3 德国 IGI 公司的 AEROcontrol 性能参数

型 号		MEMS	MEMS PLUS	FOG-Ⅰ	FOG-Ⅱ	FOG-Ⅲ
IMU 指标	陀螺指标	1°/h MEMS 陀螺	1°/h MEMS 陀螺	0.03°/h 光纤陀螺	0.03°/h 光纤陀螺	0.03°/h 光纤陀螺
	质量/kg	1.65		2.23		
	尺寸(长×宽×高)	126 mm×98 mm×153 mm				

续 表

型 号		MEMS	MEMS PLUS	FOG-Ⅰ	FOG-Ⅱ	FOG-Ⅲ
后处理精度(RMS)	位置/m	0.02	0.02	0.02	0.02	0.02
	速度/(m·s^{-1})	0.005	0.005	0.005	0.005	0.005
	水平姿态/(°)	0.015	0.01	0.008	0.004	0.003
	航向/(°)	0.03	0.02	0.015	0.01	0.007

国内航空遥感用POS技术的研究起步较晚,并且其发展一直受到国内惯性传感器、机载导航计算机芯片等条件限制,一直没有成熟的产品,在"十五"期间,国内首次开展了机载SAR成像运动补偿用POS的研究工作。北京航空航天大学联合中国航空工业集团第618研究所在国家"863"计划的支持下,于2004年成功研制出我国第一代基于挠性陀螺(陀螺漂移为0.1°/h)的机载POS[28],水平姿态精度和航向精度分别达到了0.02°(σ)和0.1°(σ),IMU质量为6.5 kg。该型POS成功应用于中科院电子所研制的机载SAR的成像运动补偿,在国内首次实现了基于POS直接地理参考的0.5 m分辨率机载SAR成像,如图1-8所示。

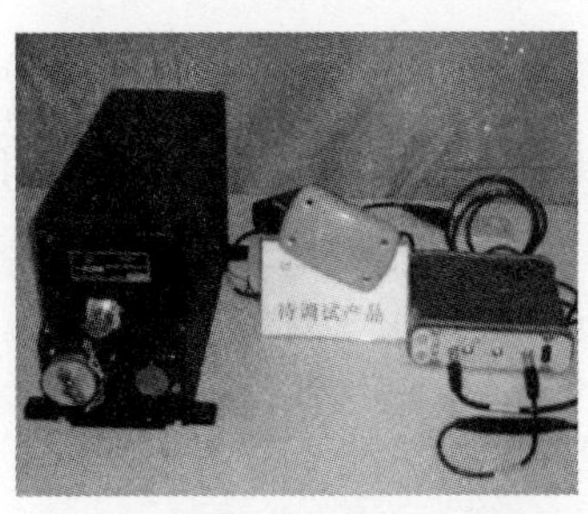

(a)

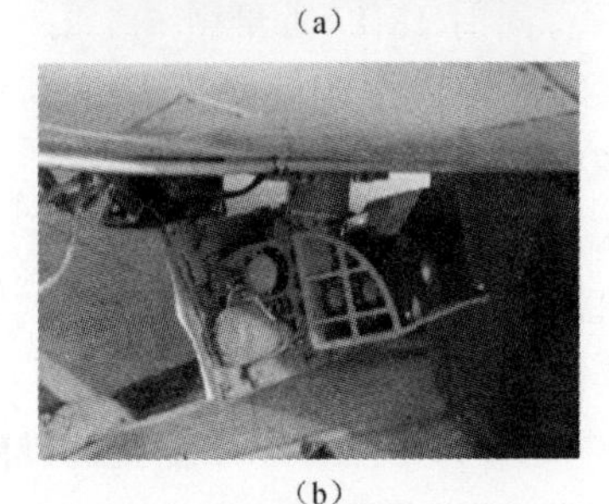

(b)

图1-8 第一代国产挠性POS

(c)

(d)

续图 1-8　第一代国产挠性 POS

(a)第一代国产挠性陀螺 POS 组成图;(b)第一代挠性 POS 与 SAR 联合飞行安装图
(c)飞行试验载机;(d)SAR 平面成像图

"十一五"期间,在国家"863"计划支持下,北京航空航天大学针对高精度轻小型航空对地观测系统的需求,开展了小型化挠性陀螺 POS 和高精度光学陀螺 POS 的关键技术攻关和产品研制。北京航空航天大学于 2008 年主持研制成功我国第二代挠性陀螺 POS(采用中国航天科工集团公司(简称"航天科工")33 所挠性陀螺仪和石英挠性加速度计),如图 1-9(a)所示。与第一代挠性陀螺 POS 相比,水平姿态精度由 0.02°(σ)提高到了 0.008°(σ),航向精度由 0.1°(σ)提高到了 0.02°(σ),同时 IMU 质量由 6.5 kg 减小到了 1.5 kg。该型 POS 成功地应用于中科院电子所研制的毫米波干涉 SAR 成像运动补偿,毫米波干涉 SAR 平面成像分辨率和高程分辨率均达到 0.5 m。此外,针对二代系统中挠性陀螺 IMU 模拟信号输出易受干扰,线缆长度有限等缺点,自主研制了数字信号输出的挠性陀螺 POS,维持精度不变的同时 IMU 线缆长度可按需延长,增强了系统安装适用性,如图 1-9(b)所示。该系统参与了中国电子科技集团公司(简称"中电")14 所 SAR 原型验证机的联合飞行实验。

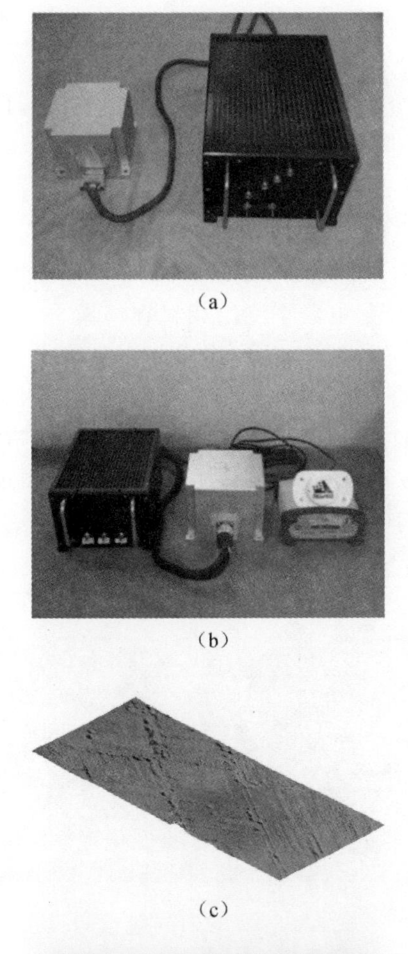

（a）

（b）

（c）

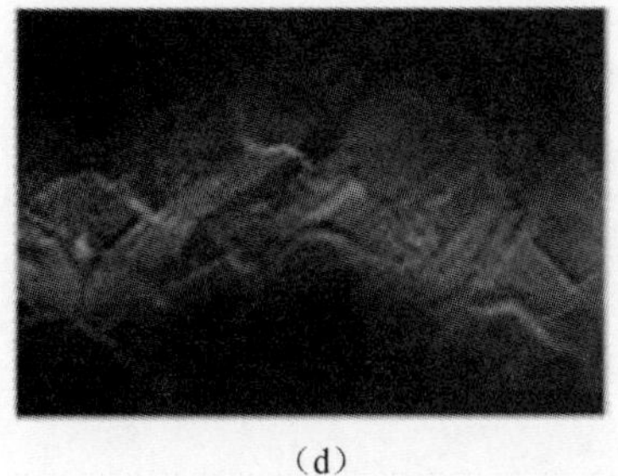

（d）

图 1-9　第二代国产挠性小型化 POS

(a)第二代国产挠性陀螺小型化 POS；(b)数字输出的挠性陀螺 POS；
(c)干涉 SAR 高程成像图；(d)干涉 SAR 平面成像图

北京航空航天大学于2010年成功研制出我国第一个小型光纤陀螺POS(采用了北航光电所的光纤陀螺和航天科工33所的石英挠性加速度计)，航向精度和水平姿态精度分别达到了0.02°(σ)和0.01°(σ)，IMU质量为3 kg[29]，如图1-10(a)所示。同年，又成功研制出我国第一个高精度激光陀螺POS(采用国防科技大学激光陀螺和航天科工33所石英挠性加速度计)，精度优于POS/AV510、接近POS/AV610的水平(航向精度0.005°，水平精度0.002 5°)，IMU质量为6.7 kg[30]，如图1-10(b)所示。两类系统均成功应用于与中国测绘院的组合宽角数字测绘相机在河南平顶山进行的联合飞行试验，成功实现了1∶500测图；成功应用于与中科院电子所X波段干涉SAR等航空遥感载荷的联合飞行试验，成功实现了对地观测成像任务。之后，经过技术优化和军品化器件选型、可靠性设计等升级措施，第二代高精度光纤陀螺POS和激光陀螺POS相继研制成功，如图1-10(c)和图1-10(d)所示。这两类系统也多次应用于与遥感载荷的联合飞行实验中，取得了良好的应用成果，得到了载荷方的肯定。

(a)

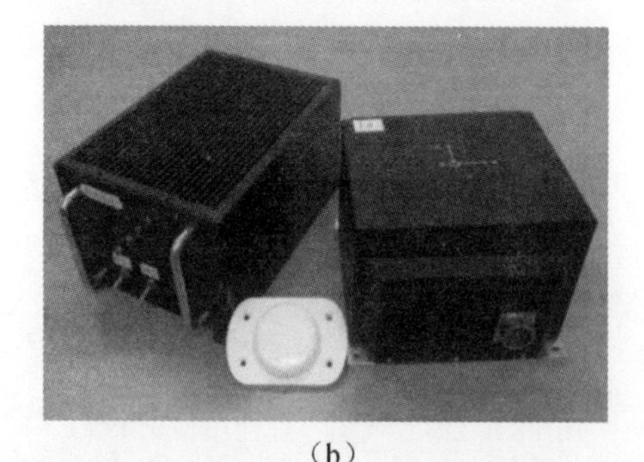

(b)

图1-10　国产高精度激光POS

(c)

(d)

续图 1-10　国产高精度激光 POS

(a)第一代国产光纤陀螺 POS;(b)第一代国产激光陀螺 POS;

(c)第二代国产光纤陀螺 POS;(d)第二代国产激光陀螺 POS

综上可以看出,国外的航空遥感用 POS,已经涵盖从低精度挠性陀螺到高精度光学陀螺的一系列成熟产品,在不同的航空遥感领域均取得成功的应用。我国在 POS 研制和应用方面已经开展大量相关研究工作,并取得了一定的成果,但在精度、可靠性、适配性等多项技术指标上,与国外成熟产品相比还有一定的差距。

1.3　本书主要研究内容及章节结构安排

本书以高精度 POS 误差处理研究为背景,进行 POS 的高精度系统误差模型、高精度重力扰动补偿、GPS 失锁情况下 POS 组合定姿定位和 POS 在机载 SAR 运动补偿中高精度数据处理方法相关理论方法的研究。根据 POS 的系统误差特性以及机载 SAR 成像运动补偿对 POS 的特殊要求,建立 POS 高阶误差模型,提出一种 POS 高精度重力补偿方法,提出一种用于长时间 GPS 失锁时的 POS 组合定姿定位方法以及一种适用于长合成孔径机载 SAR 运动补偿的 POS 的高精度数据处理方法,并均通过 POS 与载荷的联合飞行实验,验证本书中提出方法的有效性。

本书共分为5章，内容包括：

第1章为绪论。首先介绍研究背景、研究目的及意义，然后对国内外POS的研究现状进行详细阐述，最后介绍本书的主要研究内容及结构安排。

第2章开展高精度POS系统误差建模的研究。针对传统IMU误差模型由于忽略惯性器件标定残差及简化误差源模型带来的不足，在15维传统误差模型的基础上，考虑刻度因子误差和安装误差的标定残差，并使用随机常值和一阶马尔科夫过程表示陀螺的随机漂移和加速度计的随机偏置，建立一个39维的高阶误差模型，并且运用基于奇异值分解的分段线性定常系统可观测性分析理论，分析POS的可观测性和载体机动的关系，设计载体机动方案。最后选取目前工程上通常使用的卡尔曼滤波技术(Kalman Filter)对POS数据进行处理，并进行POS与相机的联合飞行实验，验证该模型的准确性和实用性。

第3章开展POS的高精度重力补偿方法的研究。由于POS导航计算中采用的地球重力场是由正常重力模型计算得到的重力值，因此忽略重力扰动对导航结果的影响。对于高精度的POS而言，重力扰动是影响导航结果精度的一个主要的误差源，必须进行有效的补偿。提出一种重力扰动测量方法，利用直接求差法获取一定精度的重力扰动值并建立一个合适的重力扰动模型，并基于此模型通过Kalman滤波器获得重力扰动的最优估计值。最后进行POS与相机的联合飞行实验，验证该方法的准确性和实用性。

第4章开展了GPS信号失锁时POS组合定姿定位方法研究。针对长时间GPS失锁情况下由于SINS误差累积而导致POS精度下降的问题，提出一种解决长时GPS失锁的基于RBF神经网络和时间序列分析的混合预测方法，这种方法采用RBF神经网络和时间序列模型共同对量测信息进行精确预测，并将其结果用于POS的Kalman滤波数据融合处理，最终获得GPS失锁期间POS的高精度位置、速度和姿态信息。最后通过飞行实验验证该方法的有效性和精确性。

第5章开展POS在高分辨率机载SAR运动补偿中高精度数据处理方法的研究。针对机载SAR运动补偿中现有的POS数据处理方法的不足，提出一种基于滤波校正值平滑的POS数据处理方法，满足高分辨率机载SAR实时成像运动补偿的需求。最后通过POS与SAR的联合飞行实验验证该方法在高分辨率机载SAR实时成像运动补偿中的有效性。

第2章　POS高精度系统误差建模

2.1　引　　言

航空遥感用POS的核心任务是精确测量观测载荷成像中心的运动信息[30-32]。为了实现高精度测量，需要最大程度地消除各种内外因素导致的惯性器件误差及其带来的负面影响。传统的INS/GPS组合系统主要用于飞机的导航，系统工作环境良好，同时对姿态测量信息的实时性和精度等要求不苛刻。但对于航空遥感应用来说，POS中的IMU要与遥感载荷紧密固连，其所处的工作环境通常置于舱外，未知的外界干扰不容忽视；同时载荷运动补偿成像对系统的测量数据提出了高精度、长时间、实时性等多种要求。这使得POS一方面要能够估计、补偿器件内在的误差，保持系统输出数据的高精度；另一方面要能够及时处理随机干扰引起的未知误差，减少对系统性能的影响，提高系统的可靠性[33-38]。为此，首先需要从POS的组成与工作原理出发，研究信号传输、处理流程中器件误差的作用；其次，需要建立IMU误差模型、INS动力学模型和POS系统状态空间模型，研究模型中器件误差的传播机理，进而明确各误差项与系统测量性能之间的映射关系，聚焦需重点关注的误差项；最后，由于IMU可以连续测量所有运动参数信息，因此针对IMU内惯性传感器确定性误差的标定与补偿起至关重要的作用，需要有针对性的对陀螺非线性误差进行建模和标定，在系统投入使用前尽可能消除未补偿误差带来的影响。随着遥感图像分辨率的不断提高，对其进行高精度的运动补偿日益显示出重要性，因此对POS的精度提出了更高的要求。在POS使用KF对SINS导航结果和GPS导航结果进行数据融合之前，建立一个精确和合适的POS系统误差模型十分关键，这在很大程度上决定了POS的测量精度。

2.2　POS系统误差模型的研究现状

随着高分辨率对地观测系统对POS的要求不断提高，如何提升POS的测量精度成为研究热点。众所周知，POS通常使用卡尔曼滤波器（Kalman

Filter, KF)进行 SINS 和 GPS 的数据融合,为了列写 KF 滤波系统方程必须先建立一个系统误差模型,包括 SINS 和 GPS 的误差模型、惯性器件随机误差模型、SINS 数据和 GPS 数据协方差的先验信息等。POS 系统误差模型是否精确和合适,在很大程度上影响着 POS 的测量精度。

1985 年,Knudson[39] 提出一种 93 阶 INS 误差模型,其误差状态包含位置误差、速度误差、姿态误差、高度通道误差,这些误差状态归类于标准 Pinson 误差方程状态和气压高度表阻尼相关状态;陀螺逐次启动漂移误差、加速度计逐次启动偏置误差,这类误差状态的数学模型用随机常值定义;陀螺慢变漂移误差、加速度计慢变偏置误差,这类误差状态的数学模型用一阶马尔科夫过程定义;以及各种环境敏感因子误差等。这种 93 阶 INS 误差模型从理论上讲是精确和完备的,但由于其阶数太高导致计算量过于繁重,因此在实际应用中意义不大,通常用于理论分析。

1991 年,Lewantowicz[40] 对在 93 阶 INS 误差模型基础上简化得到的一种 39 阶 INS 误差模型进行了研究,结果表明 39 阶 INS 误差模型完全可以替代 93 阶 INS 误差模型,并没有明显的精度损失。1995 年,Evans[41] 在 GPS/INS 数据融合应用中,将系统误差模型在 39 阶 INS 误差模型基础上引入了 30 阶、22 阶和 10 阶 GPS 误差模型。通过对结果的比较分析,得出 39 阶 INS 模型与 22 阶 GPS 模型组成的 61 阶系统误差模型效果较好的结论。

2001 年,Grewal[42] 建立了一个应用于 GNSS/INS 紧组合的 58 阶系统误差模型,其状态包含位置误差、速度误差、加速度误差、姿态角误差、角速率误差、加速度计偏置误差、加速度计刻度因子误差、陀螺漂移误差、陀螺刻度因子误差、GNSS 接收机钟误差、GNSS 接收机钟漂移率误差、各颗卫星伪距误差。

随着惯性器件技术的不断发展,诸如环境敏感因子误差等因素在系统误差建模中一般都予以忽略。并由于在航空遥感的应用中 POS 一般采用松散组合的滤波方式进行 SINS/GPS 数据融合解算,因此通常采用 15 阶系统误差模型,其系统状态分别为 3 个位置误差、3 个速度误差、3 个姿态角误差、3 个轴向的陀螺随机常值漂移和 3 个轴向的加速度计随机常值偏置。加拿大 Novatel 公司研制的商业通用 POS 后处理软件 Inertial Explore 采用的就是 15 阶系统误差模型[43]。该 15 阶系统误差模型将陀螺和加速度计的刻度因子和安装误差考虑为标定后补偿完全,不存在残差,只考虑陀螺的随机漂移和加速度计的随机偏置。但是陀螺和加速度计的刻度因子和安装误差的标定结果通常与理想值有差异,这将直接影响 POS 的测量精度。高精度 POS 必须全面考虑各主要误差源对系统精度的影响，建立一个精确完备的系统误差模型将会有效地提高 POS 测量精度。

近几年来，加拿大 Applanix 公司生产的 POS/AV 系列产品，其使用的系统误差模型的阶数在 25～35 维之间[44-45]；瑞士 Leica 公司生产的 IPAS 系列产品，同样使用了高阶系统误差模型[26]，其误差模型的具体阶数未公开。以上两个国外公司的 POS 产品所采用的高阶系统误差模型的具体技术细节均未见公开报道。

在国内，文献[46]建立了一个 28 阶状态的系统误差模型，考虑了陀螺和加速度计的刻度因子和“安装误差”的标定残差，但是将陀螺随机漂移和加速度计随机偏置简单地取为随机常值；并由于该误差模型的应用对象是捷联惯导系统，其考虑的“安装误差”是 IMU 本体坐标系与载体坐标系安装不平行引起的误差，因此文献[46]的 28 维状态误差模型不适用于本书中的研究对象 POS。文献[47]提出一个 36 维状态的误差模型，9 维导航参数系统状态（位置误差、速度误差、姿态误差），使用 24 维状态表达 IMU 器件误差，即使用随机常值、随机游走和一阶马尔科夫过程表示陀螺的随机漂移和加速度计的随机偏置，使用随机常值表示陀螺和加速度计刻度因子标定残差，同时顾及了 GPS 和 IMU 之间的三维空间偏置，但是忽略了安装误差的标定残差。上述两个系统误差模型对某些重要误差源的简化处理都将直接影响 POS 的测量精度，对高分辨率对地观测成像运动补偿用高精度 POS 而言，必须充分考虑标定残差等因素的影响，因此建立一个航空遥感成像运动补偿用 POS 的精确完备的高阶系统误差模型是十分必要的。

2.3　POS 系统描述

POS 是由 INS 和 GPS 两个子系统组合而成的。INS 的关键部件是 IMU，其内含有三轴正交安装的角速度和线加速度传感器，即陀螺和加速度计，如图 2-1 所示。INS 可以实现惯性空间下对载体全部运动信息的连续、自主测量，但是一个无法避免的缺陷是惯性传感器的误差会导致 INS 误差随时间积累。而 GPS 是基于全球导航卫星网络构成的导航系统，可以高精度地测量载体的位置和速度信息，但是 GPS 测量频率低，信号易受外界干扰，且不提供高精度姿态信息[48]。因此，综合两者而成的 POS 既具备两种导航系统的优点，又避免了单个系统自身无法解决的缺点[49]。

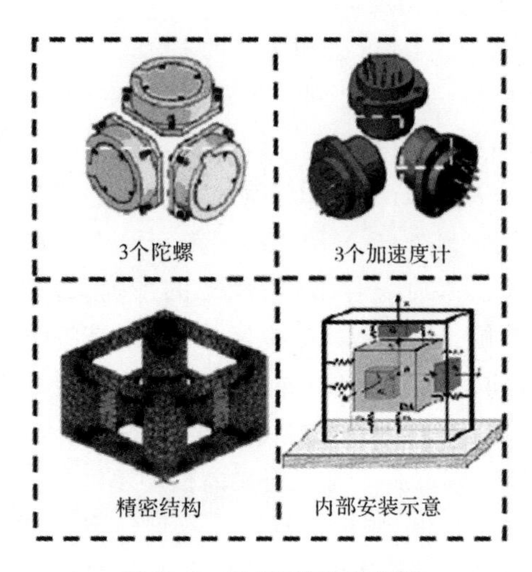

图 2-1　IMU 结构示意图

航空遥感用 POS 强调不间断地对运动载体位置、速度和姿态等全部运动信息进行实时精确测量，图 2-2 所示为系统的整体构成和信号流程。根据航空遥感的使用要求，POS 具备一些与传统导航系统不同的特点。现在依次介绍各部件的机械机构和信号传输设计。IMU 内的陀螺和加速度计用于测量三维空间内载荷的角速度和线加速度信息。为了与遥感载荷紧密固连，IMU 内部的附属电路等尽量安装于配套的计算机系统内，以减小 IMU 的安装尺寸和质量。IMU 数据和温度传感器数据传输给计算机系统内的数据处理电路，通过数据转换、误差补偿、捷联解算等流程，得到位置、速度和姿态三种 INS 导航结果。GPS 接收机用于测量飞机的速度和位置信息，GPS 接收机的天线安装于机舱顶部，而接收机本体内嵌于计算机系统内。通过计算机系统内的数据处理电路运行杆臂误差算法，GPS 数据变为 IMU 测量中心的位置和速度两种 GPS 导航信息。计算机系统将 INS 和 GPS 的测量信息进行实时数据融合，可以精确地估计遥感载荷成像中心的运动参数，并实时向遥感载荷及其他外部设备输出计算结果。此外，计算机系统还担负系统供电、数据时间同步、对外信号交互、数据存储等诸多功能。系统存储的飞行全过程的原始数据，可用于高性能计算机事后处理。

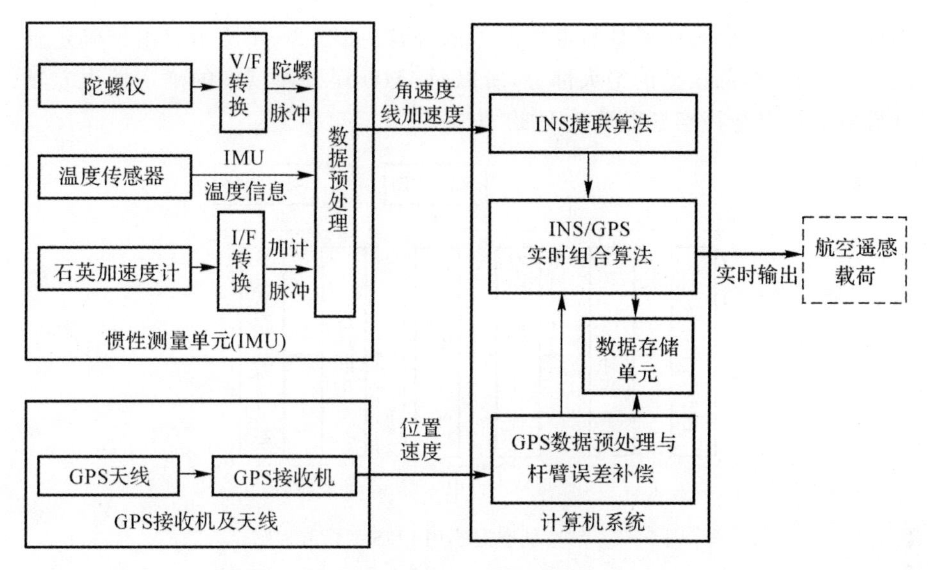

图 2-2　航空遥感用 POS 组成和信号流程图

航空遥感用 POS 的工作流程如图 2-3 所示。执行遥感测绘任务时，首先系统在地面开机，启动后预热半小时，开始地面静基座初始对准，以获取系统初始的位置、速度和姿态，作为 INS 捷联解算初值；然后飞机起飞往测区，飞行途中结合飞行机动进行空中对准与在线标定，以保证系统测量的精度；到达测区后即开始测量作业，为遥感载荷提供实时的运动参数测量信息；任务完成后返回机场，还可利用系统存储的原始信息进行事后处理，为遥感载荷离线成像提供高精度的测量信息。可见，航空遥感用 POS 的工作原理是一个通过同步处理系统自身传感器的测量信息，得到载荷所需运动参数的高精度估计值的过程。这个过程包括：通过 IMU 数据预处理补偿惯性传感器的确定性误差，并将原始的测量信号转化为可用于导航解算的物理量；通过 INS 捷联算法计算得到当前时刻系统的位置、速度和姿态信息；再通过 Kalman 滤波器组合 INS 和 GPS 的导航数据，进而得到遥感载荷运动参数的最优估计值。因此，系统工作流程可以归纳为 IMU 数据的转化、INS 捷联解算和实时组合滤波三部分，现在依次作下述介绍。

(1)IMU 数据的转化。IMU 误差模型建立起陀螺和加速度计输出的原始脉冲值，与载体系相对惯性系运动的角速度和线加速度的数学关系。IMU 误差模型中的系数对应惯性传感器的确定性误差，通过标定实验可以估算出这些确定性误差项。因此，原始脉冲数据通过 IMU 误差模型转化为实际的物理量的同时，也实现了对确定性误差的补偿，如图 2－4 所示。由于确定性误差占 IMU 全部误差的绝大部分，所以对 IMU 误差模型中的确定性误差项进行精确标定与补偿显得至关重要[50]。

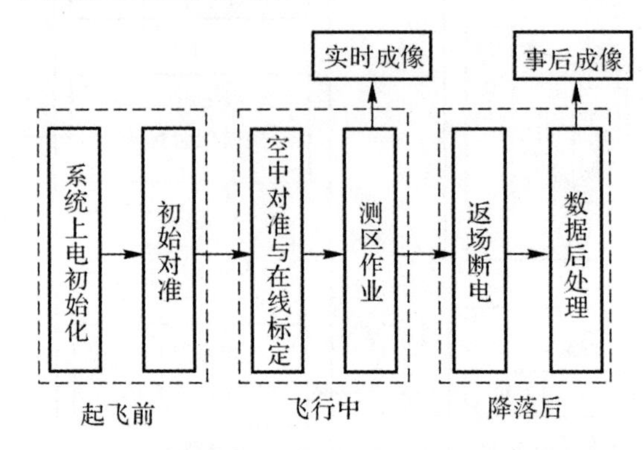

图 2－3　航空航空遥感用 POS 工作流程图

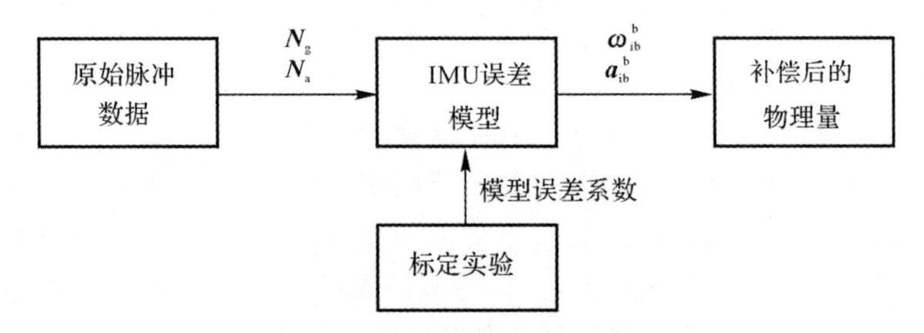

图 2－4　IMU 数据转化示意图

(2)INS 捷联解算。INS 捷联解算是建立在牛顿经典力学定律基础上的，通过角速度对时间的连续积分计算载体的姿态变化量，通过线加速度对时间的连续积分计算位置和速度的变化量[51]。利用惯性传感器测量的角速度和加速度信息，解算出 INS 系统的位置、速度和姿态信息的方法，即捷联惯性导航算法。捷联算法包括基于运动关系建立的位置方程和姿态方程，及与这 2 个方程相关的力学方程。在计算机每个采样计算周期内，姿态方程将陀螺测量的角速度转变为角增量，并利用四元数计算更新姿态矩阵；位置方程利用新的姿态矩阵，将加速度计测量的线加速度转变为速度增量，进而更新计算速度和位置信息。捷联解算的原理图如图 2－5 所示。由于捷联解算本质是一个积分过程，所以陀螺和加速度计输出值的精度对解算结果有着巨大影响，而未补偿的误差会随时间积累导致 INS 导航状态量的迅速发散。

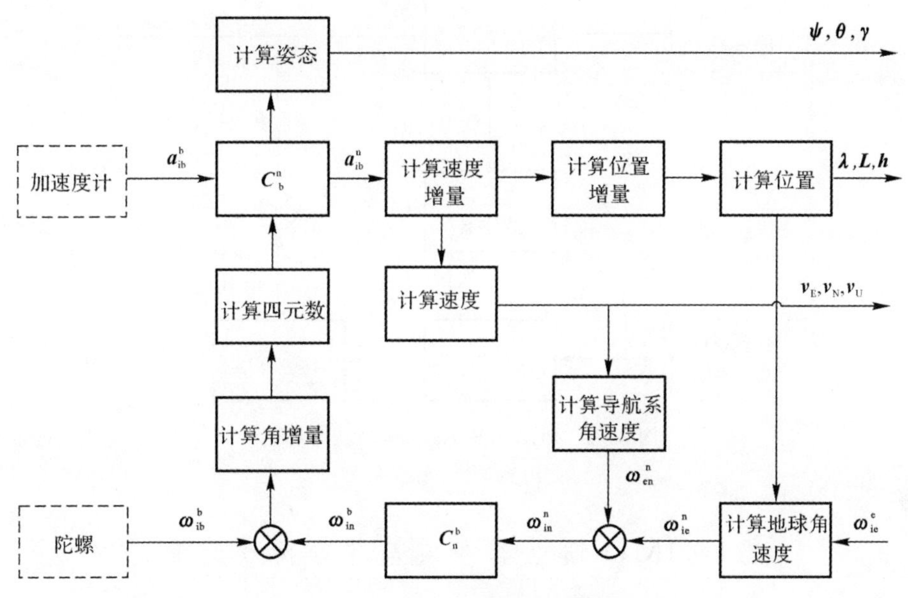

图 2－5　INS 捷联导航计算原理图

(3)POS 实时组合滤波。针对测量数据含有随机误差和部分状态量不能直接测量两个问题,Kalman 滤波将 INS 和 GPS 两种系统各自测量的载体运动信息进行融合,得到系统全部运动参数的估计值,也即是实现在线性最小方差指标下对运动参数的最优估计[52]。Kalman 滤波器是一种递推线性最小方差估计算法,一方面由于只需知道状态量和量测量的一、二阶矩统计量,因此更适于各类应用背景的状态估计问题;另一方面由于计算方法上采取递推形式,计算量也大为减少,因而适于系统的实时计算[53]。若系统的模型为非线性,则 Kalman 滤波器可以变换为扩展 Kalman 滤波器(EKF)继续使用[54]。根据系统的状态量是导航参数还是导航参数的误差,Kalman 滤波在 INS/GPS 系统中的应用分为直接法和间接法。直接法存在着方程非线性、状态量数量级差别大等缺陷,只用于特定几种场合,故而航空用的 POS 均采用间接法。Kalman 滤波器利用 GPS 量测量估计出 INS 导航参数的误差,然后用于校正 INS 的导航结果,从而抑制了捷联解算结果随时间的发散,即持续保证了对载体位置、速度和姿态全部状态量的精度。基于 Kalman 滤波器的 POS 原理图如图 2－6 所示。

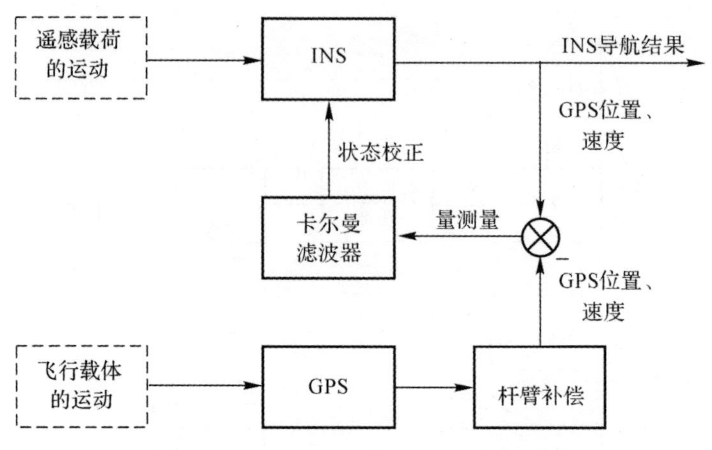

图 2-6　POS 系统 Kalman 滤波原理图

2.4　IMU 惯性器件误差源分析及建模

POS 中的 IMU 由三只陀螺和三只加速度计组成，陀螺和加速度计的测量误差是影响 POS 测量精度的主要因素之一，因此在建立 POS 系统误差模型时必须对陀螺和加速度计的误差进行精确建模。常用的 POS 系统误差模型的状态阶数为 15 维，分别为 3 个位置误差 $\delta L,\delta\lambda,\delta h$，3 个速度误差 $\delta\boldsymbol{V}^{n}=[\delta V_{E}\quad\delta V_{N}\quad\delta V_{U}]^{T}$，3 个姿态角误差 $\boldsymbol{\phi}^{n}=[\phi_{E}\quad\phi_{N}\quad\phi_{U}]^{T}$，3 个轴向的陀螺随机常值漂移 $\boldsymbol{\varepsilon}=[\varepsilon_{x}\quad\varepsilon_{y}\quad\varepsilon_{z}]^{T}$ 和 3 个轴向的加速度计随机常值偏置 $\nabla=[\nabla_{x}\quad\nabla_{y}\quad\nabla_{z}]^{T}$。根据捷联惯性导航系统的误差分析[61-66]，可得如下所述的 15 维的 POS 系统误差模型方程。

位置误差方程为

$$\left.\begin{aligned}
\delta\dot{L}&=-\frac{V_{N}\cdot\delta h}{(R_{m}+h)^{2}}+\frac{\delta V_{N}}{R_{m}+h}\\
\delta\dot{\lambda}&=\frac{V_{E}\cdot\sec L\cdot\tan L\cdot\delta L}{R_{n}+h}-\frac{V_{E}\cdot\sec L\cdot\delta h}{(R_{n}+h)^{2}}+\frac{\sec L\cdot\delta V_{E}}{R_{n}+h}\\
\delta\dot{h}&=\delta V_{U}
\end{aligned}\right\}\tag{2.1}$$

速度误差方程为

$$\begin{aligned}
\delta\dot{\boldsymbol{V}}^{n}=&-\boldsymbol{\phi}^{n}\times\boldsymbol{f}^{n}-(2\boldsymbol{\omega}_{ie}^{n}+\boldsymbol{\omega}_{en}^{n})\times\\
&\delta\boldsymbol{V}^{n}+(2\delta\boldsymbol{\omega}_{ie}^{n}+2\boldsymbol{\omega}_{en}^{n})\times\boldsymbol{V}^{n}+\boldsymbol{C}_{b}^{n}\nabla
\end{aligned}\tag{2.2}$$

姿态误差方程为

$$\dot{\boldsymbol{\phi}}^{n}=\boldsymbol{\phi}^{n}\times(\boldsymbol{\omega}_{ie}^{n}+\boldsymbol{\omega}_{en}^{n})+\delta\boldsymbol{\omega}_{ie}^{n}+\delta\boldsymbol{\omega}_{en}^{n}+\boldsymbol{C}_{b}^{n}\boldsymbol{\varepsilon} \tag{2.3}$$

陀螺随机常值漂移误差方程为

$$\dot{\boldsymbol{\varepsilon}}=\boldsymbol{0} \tag{2.4}$$

加速度计随机常值偏置误差方程为

$$\dot{\nabla}=\boldsymbol{0} \tag{2.5}$$

这种 15 维的 POS 系统误差模型简单、易实现，但是不能满足高精度 POS 测量的需求。这是由于陀螺和加速度计的刻度因子和安装误差（陀螺和加速度计输入轴间非正交性误差）在经过标定补偿后仍存在残余误差，并且陀螺的随机漂移和加速度计的随机偏置不完全是随时常值，还包含有趋势向随机误差[67-68]。下面具体分析各误差源并进行建模。

在 POS 组成中，IMU 的惯性器件误差主要包括陀螺漂移、加速度计偏置、刻度因子误差、安装误差等[69-70]。为了提高 POS 的测量精度，必须标定 IMU 惯性器件的各项误差参数，并对误差进行补偿。常用的标定数学模型方程[71]为

$$\left.\begin{aligned}
\omega_{gx}&=K_{gx}\omega_{x}+G_{0x}+G_{1x}\omega_{y}+G_{2x}\omega_{z}+G_{3x}\omega_{x}\omega_{y}+G_{4x}\omega_{x}\omega_{z}+G_{5x}\omega_{x}^{2}\\
\omega_{gy}&=K_{gy}\omega_{y}+G_{0y}+G_{1y}\omega_{x}+G_{2y}\omega_{z}+G_{3y}\omega_{y}\omega_{x}+G_{4y}\omega_{y}\omega_{z}+G_{5y}\omega_{y}^{2}\\
\omega_{gz}&=K_{gz}\omega_{z}+G_{0z}+G_{1z}\omega_{x}+G_{2z}\omega_{y}+G_{3z}\omega_{z}\omega_{x}+G_{4z}\omega_{z}\omega_{y}+G_{5z}\omega_{z}^{2}\\
f_{ax}&=K_{ax}f_{x}+A_{0x}+A_{1x}f_{y}+A_{2x}f_{z}+A_{3x}f_{x}f_{y}+A_{4x}f_{x}f_{z}+A_{5x}f_{x}^{2}\\
f_{ay}&=K_{ay}f_{y}+A_{0y}+A_{1y}f_{x}+A_{2y}f_{z}+A_{3y}f_{y}f_{x}+A_{4y}f_{y}f_{z}+A_{5y}f_{y}^{2}\\
f_{az}&=K_{az}f_{z}+A_{0z}+A_{1z}f_{x}+A_{2z}f_{y}+A_{3z}f_{z}f_{x}+A_{4z}f_{z}f_{y}+A_{5z}f_{z}^{2}
\end{aligned}\right\} \tag{2.6}$$

式(2.6)中，ω_{i}，ω_{gi} 为陀螺的输入和输出；f_{i}，f_{ai} 为加速度计的输入和输出；K_{gi}，K_{ai} 为陀螺和加速度计的刻度因子；G_{0i}，A_{0i} 为陀螺和加速度计的零漂和零偏；G_{1i}，G_{2i} 为陀螺的安装误差系数；A_{1i}；A_{2i} 为加速度计的安装误差系数；G_{3i}，G_{4i}，A_{3i}，A_{4i} 为交叉耦合系数；G_{5i}，A_{5i} 为二阶非线性系数，$i=x,y,z$ 分别表示陀螺和加速度计的三个测量轴向。

在实际标定结果中，一般将交叉耦合项 G_{3i}，G_{4i}，A_{3i}，A_{4i} 和二阶非线性项 G_{5i}，A_{5i} 设为 0。经过标定补偿后，G_{0i}，A_{0i}，K_{gi}，K_{ai}，G_{1i}，G_{2i}，A_{1i}，A_{2i} 的标定残差为陀螺随机漂移、加速度计随机偏置、陀螺刻度因子误差、加速度计刻度因子误差、陀螺安装误差、加速度计安装误差，均为随机误差。如果忽略对这些随机误差进行处理，POS 导航精度在很大程度上将受到影响。根据工程的实践经验，对于已知类型的惯性器件可以确定其随机误差模型，从而可以通过

卡尔曼滤波来估计出各随机误差分量[72]。因此在建立 IMU 惯性器件误差源模型时，陀螺随机漂移与加速度计随机偏置、刻度因子误差和安装误差必须予以考虑。

综合上述分析，IMU 惯性器件误差源模型可描述为

$$\left.\begin{aligned}\delta\boldsymbol{\omega} &= \boldsymbol{\varepsilon} + (\delta\boldsymbol{K}_{\mathrm{g}} + \delta\boldsymbol{G}) \times \boldsymbol{\omega}_{\mathrm{ib}}^{\mathrm{b}} \\ \delta\boldsymbol{f} &= \nabla + (\delta\boldsymbol{K}_{\mathrm{a}} + \delta\boldsymbol{A}) \times \boldsymbol{f}^{\mathrm{b}}\end{aligned}\right\} \tag{2.7}$$

式(2.7)中，$\delta\boldsymbol{\omega}$，$\delta\boldsymbol{f}$ 为陀螺和加速度计的误差；$\boldsymbol{\varepsilon}$，∇为陀螺随机漂移和加速度计随机偏置；$\delta\boldsymbol{K}_{\mathrm{g}}$，$\delta\boldsymbol{K}_{\mathrm{a}}$ 为陀螺和加速度计的刻度因子误差；$\delta\boldsymbol{G}$，$\delta\boldsymbol{A}$ 为陀螺和加速度计的安装误差；$\boldsymbol{\omega}_{\mathrm{ib}}^{\mathrm{b}}$，$\boldsymbol{f}^{\mathrm{b}}$ 为陀螺和加速度计的真实输入量。

2.4.1 陀螺的随机漂移 $\boldsymbol{\varepsilon}$ 和加速度计的随机偏置∇

陀螺随机漂移ε 和加速度计随机偏置∇是十分复杂的随机过程，反映了陀螺和加速度计对载体角速率和加速度测量上的误差，大致可概括成三种分量：随机常值、一阶马尔科夫过程和白噪声[73]。陀螺随机漂移 ε 和加速度计随机偏置 ∇的数学模型可描述为

$$\left.\begin{aligned}\varepsilon &= \varepsilon_{\mathrm{b}} + \varepsilon_{\mathrm{m}} + \omega_{\mathrm{g}} \\ \nabla &= \nabla_{\mathrm{b}} + \nabla_{\mathrm{m}} + \omega_{\mathrm{a}}\end{aligned}\right\} \tag{2.8}$$

式(2.8)中，ε_{b}，ε_{m}，ω_{g}，ω_{a} 与∇_{b}，∇_{m}分别为陀螺与加速度计的随机常值、一阶马尔科夫过程、白噪声漂移 / 偏置，其数学描述为

$$\left.\begin{aligned}&\dot{\varepsilon}_{\mathrm{b}} = 0 \\ &\dot{\varepsilon}_{\mathrm{m}} = -\frac{1}{\alpha}\varepsilon_{\mathrm{m}} + \omega_{\mathrm{gm}} \\ &E[\omega_{\mathrm{g}i}(t)\omega_{\mathrm{g}i}(\tau)] = q_{\mathrm{g}i}\delta(t-\tau) \\ &\dot{\nabla}_{\mathrm{b}} = 0 \\ &\dot{\nabla}_{\mathrm{m}} = -\frac{1}{\beta}\nabla_{\mathrm{m}} + \omega_{\mathrm{am}} \\ &E[\omega_{\mathrm{a}i}(t)\omega_{\mathrm{a}i}(\tau)] = q_{\mathrm{a}i}\delta(t-\tau)\end{aligned}\right\} \tag{2.9}$$

式(2.9)中，α 与β 为陀螺和加速度计一阶马尔科夫过程漂移 / 偏置的相关时间，ω_{gm} 与 ω_{am} 分别是陀螺和加速度计一阶马尔科夫过程漂移 / 偏置的驱动白噪声；$q_{\mathrm{g}i}$ 与 $q_{\mathrm{a}i}$ 分别为陀螺和加速度计的白噪声强度，$\delta(t-\tau)$ 为狄拉克函数，$i=x$，y，z 分别表示陀螺和加速度计的三个测量轴向。

2.4.2 陀螺和加速度计的刻度因子误差 $\delta\boldsymbol{K}_g$ 和 $\delta\boldsymbol{K}_a$

由于陀螺和加速度计的输出是脉冲信号，必须按照一定的比例系数计算

出实际对应的角速率和加速度值。该比例系数是通过标定补偿的方法得到的，与真实的比例系数标称值之间存在偏差，此偏差即为刻度因子误差，可用随机常值表达，其数学描述为

$$\left.\begin{aligned}\delta\dot{\boldsymbol{K}}_{\mathrm{g}}&=\mathbf{0}\\ \delta\dot{\boldsymbol{K}}_{\mathrm{a}}&=\mathbf{0}\end{aligned}\right\}\tag{2.10}$$

式(2.10) 中，$\delta\boldsymbol{K}_{\mathrm{g}}=\mathrm{diag}[\delta K_{\mathrm{g}x},\delta K_{\mathrm{g}y},\delta K_{\mathrm{g}z}]$ 和 $\delta\boldsymbol{K}_{\mathrm{a}}=\mathrm{diag}[\delta K_{\mathrm{a}x},\delta K_{\mathrm{a}y},\delta K_{\mathrm{a}z}]$ 分别为陀螺和加速度计的刻度因子误差矩阵，x，y，z 分别表示陀螺和加速度计的三个测量轴向。

2.4.3　陀螺和加速度计的安装误差 δG 和 δA

这里指的是由陀螺和加速度计各自的三个测量轴非正交安装引起的误差，如图 2－7 所示。

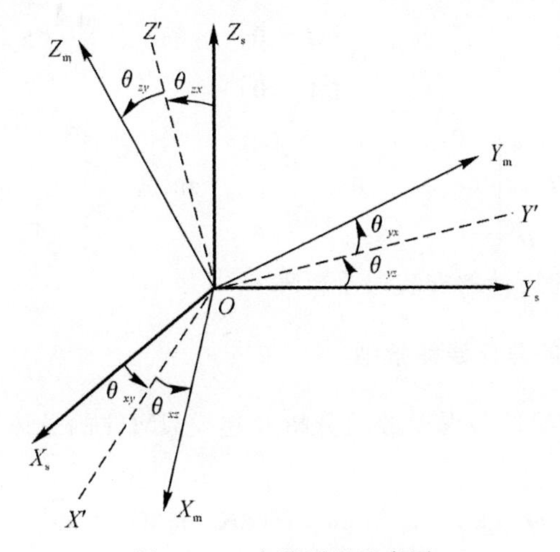

图 2－7　安装误差示意图

图2-7中，$OX_{\mathrm{m}}Y_{\mathrm{m}}Z_{\mathrm{m}}$ 为三个非正交的测量轴坐标系，$OX_{\mathrm{s}}Y_{\mathrm{s}}Z_{\mathrm{s}}$ 为理想的正交IMU坐标系。OX' 为 OX_{m} 在平面 $OX_{\mathrm{s}}Z_{\mathrm{s}}$ 上的投影，OX' 与 OX_{m} 的夹角为 θ_{xz}，OX' 与 OX_{s} 的夹角为 θ_{xy}，这样，OX_m 与 OX_s 之间的夹角可用参数 θ_{xz}，θ_{xy} 来描述；同理，OY' 为 OY_{m} 在平面 $OX_{\mathrm{s}}Y_{\mathrm{s}}$ 上的投影，OY_{m} 与 OY_{s} 之间的夹角可用参数 θ_{yx}，θ_{yz} 来描述；OZ' 为 OZ_{m} 在平面 $OY_{\mathrm{s}}Z_{\mathrm{s}}$ 上的投影，OZ_{m} 与 OZ_{s} 之间的夹角可用参数 θ_{zy}，θ_{zx} 来描述。由此可知，每个测量轴的安装误差均可用两个参数来描述，并考虑到安装误差角都是小量，可得非正交测量轴坐标系

$OX_mY_mZ_m$ 和理想的正交 IMU 坐标系 $OX_sY_sZ_s$ 之间的转换关系为

$$\begin{bmatrix} X_s \\ Y_s \\ Z_s \end{bmatrix} = \begin{bmatrix} 1 & -\theta_{yz} & \theta_{zy} \\ \theta_{xz} & 1 & -\theta_{zx} \\ -\theta_{xy} & \theta_{yx} & 1 \end{bmatrix} \begin{bmatrix} X_m \\ Y_m \\ Z_m \end{bmatrix} = \boldsymbol{C}_m^s \begin{bmatrix} X_m \\ Y_m \\ Z_m \end{bmatrix} \tag{2.11}$$

式(2.11) 中，$\boldsymbol{C}_m^s$ 即为非正交测量轴坐标系 $OX_mY_mZ_m$ 和理想的正交 IMU 坐标系 $OX_sY_sZ_s$ 之间的转换矩阵。

由此可得安装误差矩阵 $\delta\boldsymbol{C}_m^s$ 为

$$\delta\boldsymbol{C}_m^s = \boldsymbol{C}_m^s - \boldsymbol{I} = \begin{bmatrix} 0 & -\theta_{yz} & \theta_{zy} \\ \theta_{xz} & 0 & -\theta_{zx} \\ -\theta_{xy} & \theta_{yx} & 0 \end{bmatrix} \tag{2.12}$$

式(2.12) 中，$\boldsymbol{I}$ 为单位阵。

对应的安装误差矩阵各非零元素均可用随机常值表达，其数学描述为

$$\left.\begin{aligned} \delta\dot{\boldsymbol{G}} &= \boldsymbol{0} \\ \delta\dot{\boldsymbol{A}} &= \boldsymbol{0} \end{aligned}\right\} \tag{2.13}$$

式(2.13) 中，$\delta\boldsymbol{G} = \begin{bmatrix} 0 & -G_{yz} & G_{zy} \\ G_{xz} & 0 & -G_{zx} \\ -G_{xy} & G_{yx} & 0 \end{bmatrix}$ 和 $\delta\boldsymbol{A} = \begin{bmatrix} 0 & -A_{yz} & A_{zy} \\ A_{xz} & 0 & -A_{zx} \\ -A_{xy} & A_{yx} & 0 \end{bmatrix}$ 分别为陀螺和加速度计的安装误差矩阵。

2.4.4 IMU 的总体误差模型

通过上述对 IMU 各误差源的分析及建模，IMU 的总体误差模型的数学表达式为

$$\left.\begin{aligned} \delta\boldsymbol{\omega} &= \boldsymbol{\varepsilon}_b + \boldsymbol{\varepsilon}_m + \boldsymbol{\omega}_g + (\delta\boldsymbol{K}_g + \delta\boldsymbol{G}) \times \boldsymbol{\omega}_{ib}^b \\ \delta\boldsymbol{f} &= \nabla_b + \nabla_m + \boldsymbol{\omega}_a + (\delta\boldsymbol{K}_a + \delta\boldsymbol{A}) \times \boldsymbol{f}^b \end{aligned}\right\} \tag{2.14}$$

2.5 POS 高精度系统误差模型的建立

首先建立 POS 连续状态空间方程和量测方程，有

$$\left.\begin{aligned} \dot{\boldsymbol{X}}(t) &= \boldsymbol{F}(t)\boldsymbol{X}(t) + \boldsymbol{G}(t)\boldsymbol{w}(t) \\ \boldsymbol{Z}(t) &= \boldsymbol{H}(t)\boldsymbol{X}(t) + \boldsymbol{v}(t) \end{aligned}\right\} \tag{2.15}$$

式(2.15) 中，$\boldsymbol{X}$ 为系统状态向量。结合式(2.14) 表示的 IMU 总体误差模型，系统状态向量 $\boldsymbol{X}$ 包括了位置误差 δL，$\delta\lambda$，δh；速度误差 δV_E，δV_N，δV_U；姿

态误差 $\varphi_E,\varphi_N,\varphi_U$；加速度计随机常值偏置 $\nabla_{bx},\nabla_{by},\nabla_{bz}$；加速度计一阶马尔科夫过程偏置 $\nabla_{mx},\nabla_{my},\nabla_{mz}$；加速度计刻度因子误差 $\delta K_{ax},\delta K_{ay},\delta K_{az}$；加速度计安装误差 $\delta A_{xy},\delta A_{yx},\delta A_{xz},\delta A_{zx},\delta A_{yz},\delta A_{zy}$；陀螺随机常值漂移 ε_{bx}，$\varepsilon_{by},\varepsilon_{bz}$，陀螺一阶马尔科夫过程漂移 $\varepsilon_{mx},\varepsilon_{my},\varepsilon_{mz}$；陀螺刻度因子误差 δK_{gx}，$\delta K_{gy},\delta K_{gz}$；陀螺安装误差 $\delta G_{xy},\delta G_{yx},\delta G_{xz},\delta G_{zx},\delta G_{yz},\delta G_{zy}$；共 39 个系统状态。

39 维的 POS 系统误差模型方程如下所述。

位置误差方程为

$$\left.\begin{aligned}
\delta\dot{L} &= -\frac{V_N\cdot\delta h}{(R_m+h)^2}+\frac{\delta V_N}{R_m+h}\\
\delta\dot{\lambda} &= \frac{V_E\cdot\sec L\cdot\tan L\cdot\delta L}{R_n+h}-\frac{V_E\cdot\sec L\cdot\delta h}{(R_n+h)^2}+\frac{\sec L\cdot\delta V_E}{R_n+h}\\
\delta\dot{h} &= \delta V_U
\end{aligned}\right\}\tag{2.16}$$

速度误差方程为

$$\begin{aligned}
\delta\dot{\boldsymbol{V}}^n = &\boldsymbol{C}_b^n(\delta\boldsymbol{K}_a+\delta\boldsymbol{A})\boldsymbol{f}^b-\boldsymbol{\varphi}^n\times\boldsymbol{f}^n-(2\boldsymbol{\omega}_{ie}^n+\boldsymbol{\omega}_{en}^n)\times\\
&\delta\boldsymbol{V}^n+(2\delta\boldsymbol{\omega}_{ie}^n+2\boldsymbol{\omega}_{en}^n)\times\boldsymbol{V}^n+\boldsymbol{C}_b^n\nabla
\end{aligned}\tag{2.17}$$

姿态误差方程为

$$\begin{aligned}
\dot{\boldsymbol{\varphi}}^n = &\boldsymbol{C}_b^n(\delta\boldsymbol{K}_g+\delta\boldsymbol{G})\boldsymbol{\omega}_{ib}^b+\boldsymbol{\varphi}^n\times(\boldsymbol{\omega}_{ie}^n+\boldsymbol{\omega}_{en}^n)+\\
&\delta\boldsymbol{\omega}_{ie}^n+\delta\boldsymbol{\omega}_{en}^n+\boldsymbol{C}_b^n\boldsymbol{\varepsilon}
\end{aligned}\tag{2.18}$$

根据 39 维的 POS 系统误差模型方程，式(2.15) 中的 $\boldsymbol{F}$ 为 39 维的系统状态转移矩阵，其具体形式为

$$\boldsymbol{F}=\begin{bmatrix}
\boldsymbol{F}1_{3\times9} & \boldsymbol{O}_{3\times3} & \boldsymbol{O}_{3\times3} & \boldsymbol{O}_{3\times9} & \boldsymbol{O}_{3\times3} & \boldsymbol{O}_{3\times3} & \boldsymbol{O}_{3\times9}\\
\boldsymbol{F}2_{3\times9} & \boldsymbol{C}_b^n & \boldsymbol{C}_b^n & \boldsymbol{F}3_{3\times9} & \boldsymbol{O}_{3\times3} & \boldsymbol{O}_{3\times3} & \boldsymbol{O}_{3\times9}\\
\boldsymbol{F}4_{3\times9} & \boldsymbol{O}_{3\times3} & \boldsymbol{O}_{3\times3} & \boldsymbol{O}_{3\times9} & \boldsymbol{C}_b^n & \boldsymbol{C}_b^n & \boldsymbol{F}5_{3\times9}\\
\boldsymbol{O}_{3\times9} & \boldsymbol{O}_{3\times3} & \boldsymbol{O}_{3\times3} & \boldsymbol{O}_{3\times9} & \boldsymbol{O}_{3\times3} & \boldsymbol{O}_{3\times3} & \boldsymbol{O}_{3\times9}\\
\boldsymbol{O}_{3\times9} & \boldsymbol{O}_{3\times3} & \boldsymbol{F}6_{3\times3} & \boldsymbol{O}_{3\times9} & \boldsymbol{O}_{3\times3} & \boldsymbol{O}_{3\times3} & \boldsymbol{O}_{3\times9}\\
\boldsymbol{O}_{12\times9} & \boldsymbol{O}_{12\times3} & \boldsymbol{O}_{12\times3} & \boldsymbol{O}_{12\times9} & \boldsymbol{O}_{12\times3} & \boldsymbol{O}_{12\times3} & \boldsymbol{O}_{12\times9}\\
\boldsymbol{O}_{3\times9} & \boldsymbol{O}_{3\times3} & \boldsymbol{O}_{3\times3} & \boldsymbol{O}_{3\times9} & \boldsymbol{O}_{3\times3} & \boldsymbol{F}7_{3\times3} & \boldsymbol{O}_{3\times9}\\
\boldsymbol{O}_{9\times9} & \boldsymbol{O}_{9\times3} & \boldsymbol{O}_{9\times3} & \boldsymbol{O}_{9\times9} & \boldsymbol{O}_{9\times3} & \boldsymbol{O}_{9\times3} & \boldsymbol{O}_{9\times9}
\end{bmatrix}_{39\times39}$$

$$\boldsymbol{F}1=[\boldsymbol{F}11\quad \boldsymbol{F}12\quad \boldsymbol{O}_{3\times3}],\boldsymbol{F}2=[\boldsymbol{F}21\quad \boldsymbol{F}22\quad \boldsymbol{F}23]$$

$$\boldsymbol{F}3=[\boldsymbol{F}31\quad \boldsymbol{F}32\quad \boldsymbol{F}33],\boldsymbol{F}4=[\boldsymbol{F}41\quad \boldsymbol{F}42\quad \boldsymbol{F}43]$$

$$\boldsymbol{F}11=\begin{bmatrix} 0 & 0 & -\dfrac{V_{\mathrm{N}}}{(R_{\mathrm{m}}+h)^2} \\ \dfrac{V_{\mathrm{E}}\sec L\tan L}{R_{\mathrm{n}}+h} & 0 & -\dfrac{V_{\mathrm{E}}\sec L}{(R_{\mathrm{n}}+h)^2} \\ 0 & 0 & 0 \end{bmatrix},\boldsymbol{F}12=\begin{bmatrix} 0 & \dfrac{1}{R_{\mathrm{m}}+h} & 0 \\ \dfrac{\sec L}{R_{\mathrm{n}}+h} & 0 & 0 \\ 0 & 0 & 1 \end{bmatrix}$$

$$\boldsymbol{F}21=\begin{bmatrix} 2\omega_{\mathrm{ie}}(\cos LV_{\mathrm{N}}+\sin LV_{\mathrm{U}})+\dfrac{V_{\mathrm{E}}V_{\mathrm{N}}}{R_{\mathrm{n}}+h}\sec^2 L & 0 & \dfrac{V_{\mathrm{E}}(V_{\mathrm{U}}-V_{\mathrm{N}}\tan L)}{(R_{\mathrm{n}}+h)^2} \\ -2\omega_{\mathrm{ie}}\cos LV_{\mathrm{E}}-\dfrac{V_{\mathrm{E}}^2\sec^2 L}{R_{\mathrm{n}}+h} & 0 & \dfrac{V_{\mathrm{E}}^2\tan L+V_{\mathrm{N}}V_{\mathrm{U}}}{(R_{\mathrm{n}}+h)^2} \\ -2\omega_{\mathrm{ie}}\sin LV_{\mathrm{E}} & 0 & \dfrac{V_{\mathrm{E}}^2+V_{\mathrm{N}}^2}{(R_{\mathrm{n}}+h)^2} \end{bmatrix}$$

$$\boldsymbol{F}22=\begin{bmatrix} \dfrac{V_{\mathrm{N}}\tan L-V_{\mathrm{U}}}{R_{\mathrm{m}}+h} & 2\omega_{\mathrm{ie}}\sin L+\dfrac{V_{\mathrm{E}}\tan L}{R_{\mathrm{n}}+h} & -2\omega_{\mathrm{ie}}\cos L-\dfrac{V_{\mathrm{E}}}{R_{\mathrm{n}}+h} \\ -2(\omega_{\mathrm{ie}}\sin L+\dfrac{V_{\mathrm{E}}\tan L}{R_{\mathrm{n}}+h}) & -\dfrac{V_{\mathrm{U}}}{R_{\mathrm{m}}+h} & -\dfrac{V_{\mathrm{N}}}{R_{\mathrm{m}}+h} \\ 2\omega_{\mathrm{ie}}\cos L+\dfrac{V_{\mathrm{E}}}{R_{\mathrm{n}}+h} & -\dfrac{2V_{\mathrm{N}}}{R_{\mathrm{m}}+h} & -f_{\mathrm{N}} \end{bmatrix}$$

$$\boldsymbol{F}23=\begin{bmatrix} 0 & -f_{\mathrm{U}} & -f_{\mathrm{N}} \\ f_{\mathrm{U}} & 0 & -f_{\mathrm{E}} \\ f_{\mathrm{E}} & 0 & 0 \end{bmatrix},\boldsymbol{F}31=\begin{bmatrix} C_{11}f_x & C_{12}f_y & C_{13}f_z \\ C_{21}f_x & C_{22}f_y & C_{23}f_z \\ C_{31}f_x & C_{32}f_y & C_{33}f_z \end{bmatrix}$$

$$\boldsymbol{F}32=\begin{bmatrix} C_{11}f_y & C_{12}f_x & C_{11}f_z \\ C_{21}f_y & C_{22}f_x & C_{21}f_z \\ C_{31}f_y & C_{32}f_x & C_{31}f_z \end{bmatrix},\boldsymbol{F}33=\begin{bmatrix} C_{13}f_x & C_{12}f_z & C_{13}f_y \\ C_{23}f_x & C_{22}f_z & C_{23}f_y \\ C_{33}f_x & C_{32}f_z & C_{33}f_y \end{bmatrix}$$

$$\boldsymbol{F}41=\begin{bmatrix} 0 & 0 & \dfrac{V_{\mathrm{N}}}{(R_{\mathrm{m}}+h)^2} \\ -\omega_{\mathrm{ie}}\sin L & 0 & -\dfrac{V_{\mathrm{E}}}{(R_{\mathrm{n}}+h)^2} \\ \omega_{\mathrm{ie}}\cos L+\dfrac{V_{\mathrm{E}}\sec^2 L}{R_{\mathrm{n}}+h} & 0 & -\dfrac{V_{\mathrm{E}}\tan L}{(R_{\mathrm{n}}+h)^2} \end{bmatrix}$$

$$\boldsymbol{F}42=\begin{bmatrix}0 & -\dfrac{1}{R_{\mathrm{m}}+h} & 0\\ \dfrac{1}{R_{\mathrm{n}}+h} & 0 & 0\\ \dfrac{\tan L}{R_{\mathrm{n}}+h} & 0 & 0\end{bmatrix}$$

$$\boldsymbol{F}43=\begin{bmatrix}0 & \omega_{\mathrm{ie}}\sin L+\dfrac{V_{\mathrm{E}}\tan L}{R_{\mathrm{n}}+h} & -\omega_{\mathrm{ie}}\cos L-\dfrac{V_{\mathrm{E}}}{R_{\mathrm{n}}+h}\\ -\omega_{\mathrm{ie}}\sin L-\dfrac{V_{\mathrm{E}}}{R_{\mathrm{n}}+h} & 0 & -\dfrac{V_{\mathrm{N}}}{R_{\mathrm{m}}+h}\\ \omega_{\mathrm{ie}}\cos L+\dfrac{V_{\mathrm{E}}}{R_{\mathrm{n}}+h} & \dfrac{V_{\mathrm{N}}}{R_{\mathrm{m}}+h} & 0\end{bmatrix}$$

$$\boldsymbol{F}52=\begin{bmatrix}C_{11}\omega_y & C_{12}\omega_x & C_{11}\omega_z\\ C_{21}\omega_y & C_{22}\omega_x & C_{21}\omega_z\\ C_{31}\omega_y & C_{32}\omega_x & C_{31}\omega_z\end{bmatrix},\boldsymbol{F}53=\begin{bmatrix}C_{13}\omega_x & C_{12}\omega_z & C_{13}\omega_y\\ C_{23}\omega_x & C_{22}\omega_z & C_{23}\omega_y\\ C_{33}\omega_x & C_{32}\omega_z & C_{33}\omega_y\end{bmatrix}$$

$$\boldsymbol{F}6=\mathrm{diag}\left[-\frac{1}{\alpha},-\frac{1}{\alpha},-\frac{1}{\alpha}\right],\boldsymbol{F}7=\mathrm{diag}\left[-\frac{1}{\beta},-\frac{1}{\beta},-\frac{1}{\beta}\right]$$

其中，ω_{ie} 为地球自转角速度；R_{n} 与 R_{m} 分别为卯酉圈与子午圈的主曲率半径；f_x，f_y 和 f_z 为加速度计在 IMU 坐标系下的输出分量；f_{E}，f_{N} 和 f_{U} 为加速度计在地理坐标系下的输出分量；ω_x，ω_y 和 ω_z 为陀螺在 IMU 坐标系下的输出分量；$C_{\mathrm{b}}^{\mathrm{n}}$ 为载体系到导航系的转换矩阵；α 与 β 为陀螺和加速度计一阶马尔科夫过程漂移 / 偏置的相关时间。

$\boldsymbol{G}$ 为 39×12 维的系统噪声分配矩阵，具体形式为

$$\boldsymbol{G}=\begin{bmatrix}\boldsymbol{O}_{3\times3} & \boldsymbol{O}_{3\times3} & \boldsymbol{O}_{3\times3} & \boldsymbol{O}_{3\times3}\\ \boldsymbol{C}_{\mathrm{b}}^{\mathrm{n}} & \boldsymbol{O}_{3\times3} & \boldsymbol{O}_{3\times3} & \boldsymbol{O}_{3\times3}\\ \boldsymbol{O}_{3\times3} & \boldsymbol{C}_{\mathrm{b}}^{\mathrm{n}} & \boldsymbol{O}_{3\times3} & \boldsymbol{O}_{3\times3}\\ \boldsymbol{O}_{3\times3} & \boldsymbol{O}_{3\times3} & \boldsymbol{O}_{3\times3} & \boldsymbol{O}_{3\times3}\\ \boldsymbol{O}_{3\times3} & \boldsymbol{O}_{3\times3} & \boldsymbol{I}_{3\times3} & \boldsymbol{O}_{3\times3}\\ \boldsymbol{O}_{12\times3} & \boldsymbol{O}_{12\times3} & \boldsymbol{O}_{12\times3} & \boldsymbol{O}_{12\times3}\\ \boldsymbol{O}_{3\times3} & \boldsymbol{O}_{3\times3} & \boldsymbol{O}_{3\times3} & \boldsymbol{I}_{3\times3}\\ \boldsymbol{O}_{9\times3} & \boldsymbol{O}_{9\times3} & \boldsymbol{O}_{9\times3} & \boldsymbol{O}_{9\times3}\end{bmatrix}_{39\times12}$$

$\boldsymbol{w}$ 为 12 维系统噪声向量（其分量均为零均值随机白噪声），具体形式为

$$\boldsymbol{w}=[w_{\mathrm{a}x}\quad w_{\mathrm{a}y}\quad w_{\mathrm{a}z}\quad w_{\mathrm{g}x}\quad w_{\mathrm{g}y}\quad w_{\mathrm{g}z}\quad w_{\mathrm{am}x}\quad w_{\mathrm{am}y}\quad w_{\mathrm{am}z}\quad w_{\mathrm{gm}x}\quad w_{\mathrm{gm}y}\quad w_{\mathrm{gm}z}]^{\mathrm{T}}$$

其中，ω_{gi}，ω_{gmi}，ω_{ai}，ω_{ami} 分别为陀螺和加速度计的白噪声与一阶马尔科夫过程驱动白噪声，$i=x$，y，z 分别表示陀螺和加速度计的三个测量轴向。

$\boldsymbol{Z}$ 为量测向量，因为这里采用的是 SINS/GPS 松散组合形式，所以 $\boldsymbol{Z}$ 由捷联惯导系统输出的位置和速度信息与 GPS 的相应输出信息相减而得到。量测方程的推导为

$$\boldsymbol{Z}=\begin{bmatrix} L_{\text{INS}}-L_{\text{GPS}} \\ \lambda_{\text{INS}}-\lambda_{\text{GPS}} \\ h_{\text{INS}}-h_{\text{GPS}} \\ V_{\text{E\_INS}}-V_{\text{E\_GPS}} \\ V_{\text{N\_INS}}-V_{\text{N\_GPS}} \\ V_{\text{U\_INS}}-V_{\text{U\_GPS}} \end{bmatrix}=\begin{bmatrix} (L+\delta L)-(L-v1) \\ (\lambda+\delta\lambda)-(\lambda-v2) \\ (h+\delta h)-(h-v3) \\ (V_{\text{E}}+\delta V_{\text{E}})-(V_{\text{E}}-v4) \\ (V_{\text{N}}+\delta V_{\text{N}})-(V_{\text{N}}-v5) \\ (V_{\text{U}}+\delta V_{\text{U}})-(V_{\text{U}}-v6) \end{bmatrix}=$$

$$\begin{bmatrix} \delta L+v1 \\ \delta\lambda+v2 \\ \delta h+v3 \\ \delta V_{\text{E}}+v4 \\ \delta V_{\text{N}}+v5 \\ \delta V_{\text{U}}+v6 \end{bmatrix}\Leftrightarrow \boldsymbol{Z}=\boldsymbol{H}\cdot\boldsymbol{X}+\boldsymbol{v}$$

其中，$\boldsymbol{H}$ 为 6×39 维的量测矩阵，具体形式为

$$\boldsymbol{H}=\begin{bmatrix} R_{\text{m}} & 0 & 0 & 0 & 0 & 0 & \boldsymbol{O}_{1\times33} \\ 0 & R_{\text{n}}\cos L & 0 & 0 & 0 & 0 & \boldsymbol{O}_{1\times33} \\ 0 & 0 & 1 & 0 & 0 & 0 & \boldsymbol{O}_{1\times33} \\ 0 & 0 & 0 & 1 & 0 & 0 & \boldsymbol{O}_{1\times33} \\ 0 & 0 & 0 & 0 & 1 & 0 & \boldsymbol{O}_{1\times33} \\ 0 & 0 & 0 & 0 & 0 & 1 & \boldsymbol{O}_{1\times33} \end{bmatrix}_{6\times39}$$

$\boldsymbol{v}=[\,v1\quad v2\quad v3\quad v4\quad v5\quad v6\,]^{\text{T}}$ 为 GPS 的纬度、经度、高度、东向速度、北向速度和天向速度的测量噪声，均可看作零均值随机白噪声。

2.6 仿真实验及结果分析

通过实际测量的 POS 静态数据估算出 IMU 和 GPS 的器件精度，以此为基础并根据航空遥感成像的实际要求设计飞行轨迹，进行半物理仿真。POS 器件精度见表 2-1。

表 2－1　POS 器件精度

POS 器件	参　数	精　度
IMU	频率	100 Hz
	陀螺随机常值漂移	0.01°/h
IMU	陀螺一阶马尔科夫过程漂移的驱动白噪声方差强度	$(0.01°/h)^2$
	陀螺一阶马尔科夫过程漂移的相关时间	300 s
	陀螺白噪声方差强度	$(0.01°/h)^2$
	加速度计随机常值偏置	$5\times10^{-5}\ g$
	加速度计一阶马尔科夫过程偏置的驱动白噪声方差强度	$(5\times10^{-5}\ g)^2$
	加速度计一阶马尔科夫过程偏置的相关时间	2.5 h
	加速度计白噪声方差强度	$(5\times10^{-5}\ g)^2$
	陀螺(加速度计)刻度因子误差	0.000 01
	陀螺(加速度计)安装误差角	1.5′
GPS	频率	20 Hz
	平面位置测量白噪声方差强度	$(0.03\ m)^2$
	高程测量白噪声方差强度	$(0.1\ m)^2$
	速度测量白噪声方差强度	$(0.03\ m/s)^2$

2.6.1　机动方案的选取

根据航空遥感运动成像作业方式，通常采用连续 U 型飞行轨迹，在成像段内载体做匀速直线运动。由于系统状态可观测性是滤波收敛的前提条件，若滤波器的状态量不可观测，则不论采用何种滤波器均无法收敛。当载体做匀速直线运动时系统的可观测度低，采用的 Kalman 滤波器无法十分准确估计出相应的误差参数，因此 POS 在进入成像段之前，需要作一次合理的机动，提高系统状态的可观测度，从而保证 POS 的导航精度。通常的机动方案有 U 型机动、8 字型机动和 S 型机动，如图 2－8 所示。

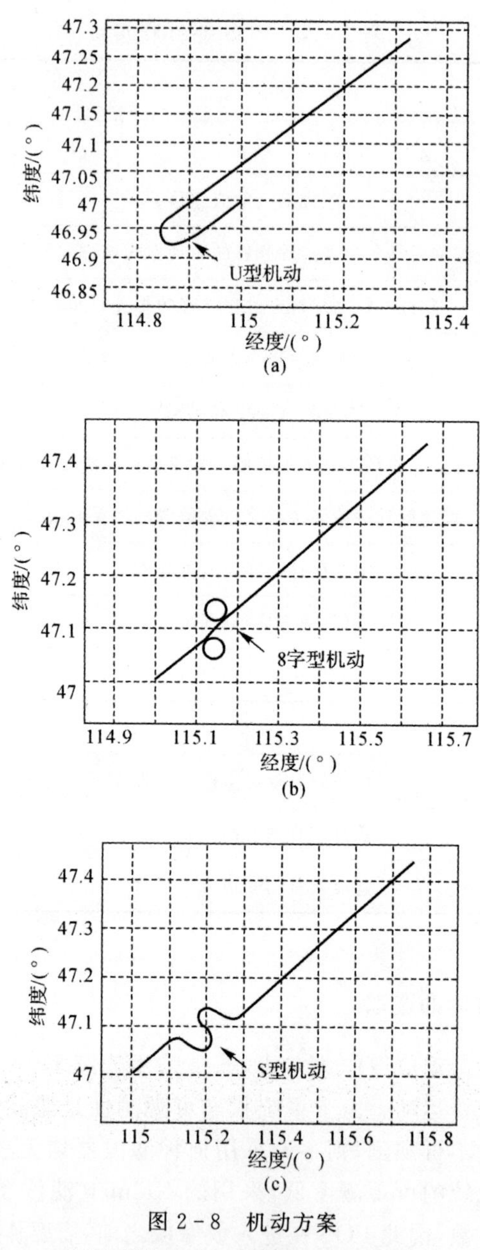

图 2-8 机动方案

(a)U 型机动;(b)8 型机动;(c)S 型机动

选取机动方式的原则[69]:①在工程实际应用中,选取的机动方式越简单越好;②选取的机动方式可以最大限度地提高 POS 的系统可观测度。运用可观测性分析理论[72]，对上述三种机动方案的可观测度进行定量分析，具体步骤如下：

(1)在时间段 i 内，计算对应该时间段 POS 的系统可观测性矩阵 $\boldsymbol{M}(i)$，可得

$$\boldsymbol{M}(i)=\begin{bmatrix} \boldsymbol{H} \\ \boldsymbol{HF}(0) \\ \boldsymbol{HF}(1)\boldsymbol{F}(0) \\ \vdots \\ \boldsymbol{HF}(k-1)\boldsymbol{F}(k-2)\cdots\boldsymbol{F}(1)\boldsymbol{F}(0) \end{bmatrix} \tag{2.19}$$

(2) 计算当前时间段下的 SOM 矩阵[74] $\boldsymbol{M}_{\mathrm{s}}(i)$，可得

$$\boldsymbol{M}_{\mathrm{s}}(i)=[\boldsymbol{M}(1)\quad \boldsymbol{M}(2)\quad \cdots\quad \boldsymbol{M}(i)]^{\mathrm{T}} \tag{2.20}$$

(3)根据 POS 进行 Kalman 滤波所使用的量测向量 $\boldsymbol{Z}(t)$，构造当前时间段的外观测量 $\boldsymbol{Y}(i)$，可得

$$\boldsymbol{Y}(i)=[\boldsymbol{Z}(0)\quad \boldsymbol{Z}(1)\quad \cdots\quad \boldsymbol{Z}(k)]^{\mathrm{T}} \tag{2.21}$$

(4) 计算当前时间段下的 $\boldsymbol{Y}_{\mathrm{s}}(i)$，可得

$$\boldsymbol{Y}_{\mathrm{s}}(i)=[\boldsymbol{Y}(1)\quad \boldsymbol{Y}(2)\quad \cdots\quad \boldsymbol{Y}(i)]^{\mathrm{T}} \tag{2.22}$$

(5) 对当前时间段下的 $\boldsymbol{M}_{\mathrm{s}}(i)$ 进行奇异值分解，计算其奇异值 σ_j，则有

$$\boldsymbol{M}_{\mathrm{s}}=\boldsymbol{U}\cdot\boldsymbol{S}\cdot\boldsymbol{V}^{\mathrm{T}} \tag{2.23}$$

其中，$\boldsymbol{U}$ 和 $\boldsymbol{V}$ 是正交矩阵，$\boldsymbol{S}=\begin{bmatrix} \boldsymbol{\Lambda}_{r\times r} & 0 \\ 0 & 0 \end{bmatrix}$，其中 $\boldsymbol{\Lambda}_{r\times r}=\begin{bmatrix} \sigma_1 & 0 & \cdots & 0 \\ 0 & \sigma_2 & \cdots & 0 \\ \vdots & \vdots & & \vdots \\ 0 & 0 & \cdots & \sigma_r \end{bmatrix}$ 为对角阵，$\sigma_j\,(\sigma_1\geqslant\sigma_2\geqslant\cdots\geqslant\sigma_r)$ 为 $\boldsymbol{M}_{\mathrm{s}}(i)$ 的奇异值。

(6) 通过

$$\boldsymbol{X}(0)=(\boldsymbol{U}\cdot\boldsymbol{\Lambda}\cdot\boldsymbol{V}^{\mathrm{T}})^{-1}\boldsymbol{Y}_{\mathrm{s}} \tag{2.24}$$

计算出每一个奇异值所对应的初始状态向量 $\boldsymbol{X}(0)$，根据 $\boldsymbol{X}(0)$ 的大小即可判断出 POS 各系统状态的可观测性，其对应的奇异值可作为系统状态的可观测度大小。

POS 系统状态向量 $\boldsymbol{X}$ 中的位置误差 δL，$\delta\lambda$，δh 和速度误差 δV_{E}，δV_{N}，δV_{U} 是由 GPS 外观测信息构成的直接观测量，所以这六个系统状态是完全可观测的。POS 其余各系统状态在不同机动方案情况下的可观测度分析结果归纳见图 2-9 和表 2-2。

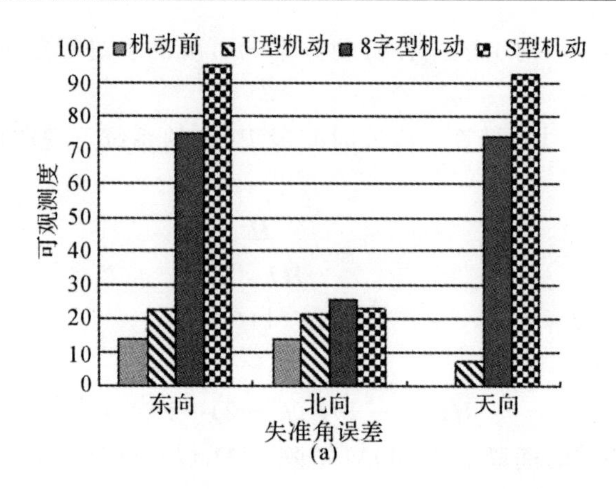

(a)

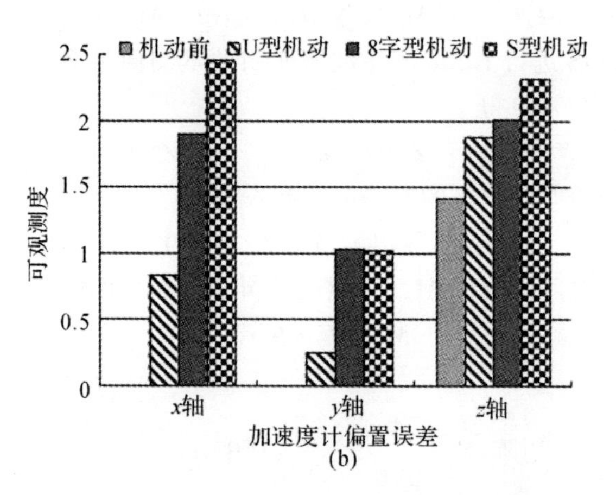

(b)

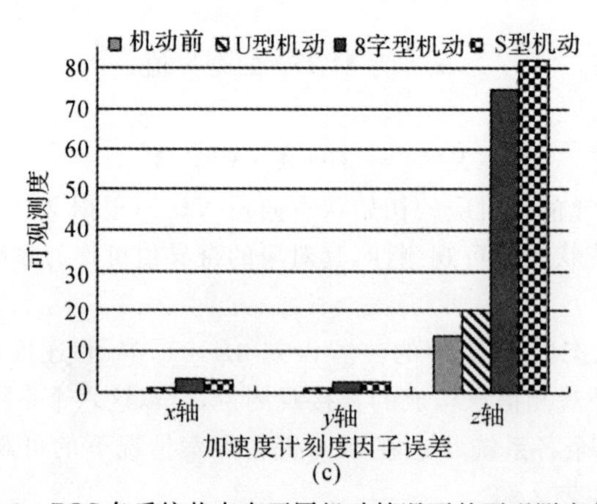

(c)

图 2-9　POS 各系统状态在不同机动情况下的可观测度条形图

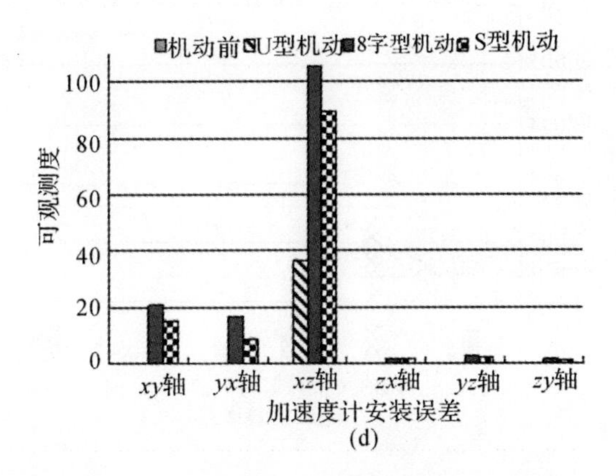

(d)

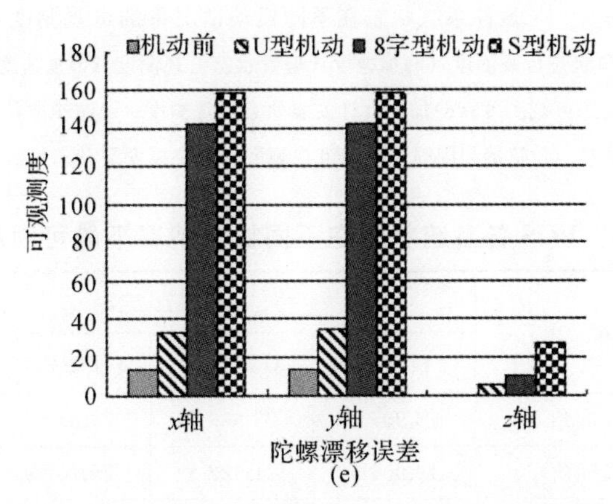

(e)

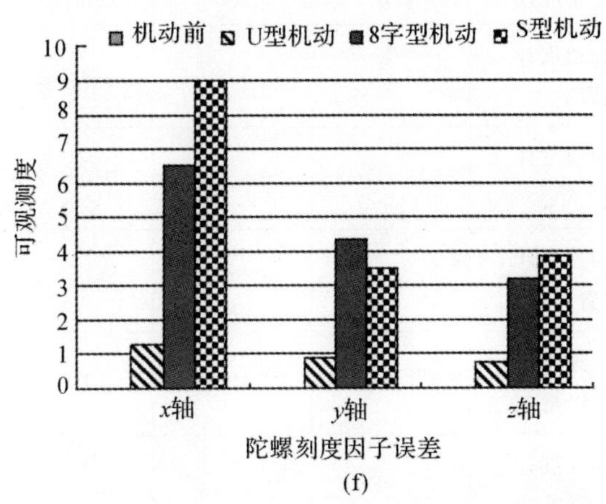

(f)

续图 2-9　POS 各系统状态在不同机动情况下的可观测度条形图

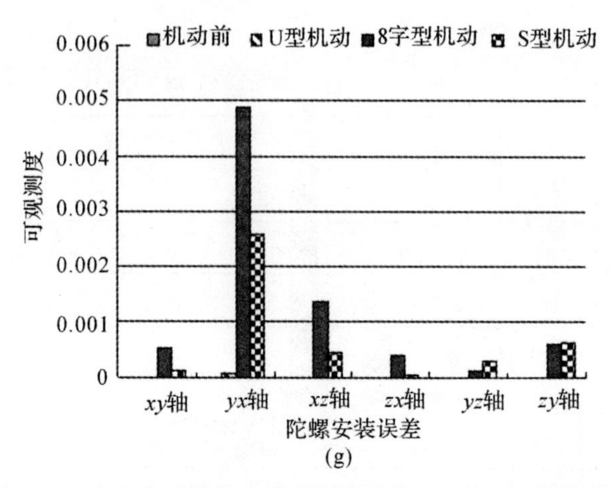

(g)

续图 2-9　POS 各系统状态在不同机动情况下的可观测度条形图

(a)失准角状态可观测度；(b)加速度计偏置状态可观测度；(c)加速度计刻度因子状态可观测度；(d)加速度计安装状态可观测度；(e)陀螺漂移状态可观测度；(f)陀螺刻度因子状态可观测度；(g)陀螺安装状态可观测度

表 2-2　POS 各系统状态在不同机动情况下的可观测度值

可观测度		机动方案			
		机动前	U 型机动	8 字型机动	S 型机动
POS 系统状态	东向失准角 φ_E	13.907 2	22.503 7	74.870 1	95.158 2
	北向失准角 φ_N	13.906 1	21.322 1	25.707 9	22.820 4
	天向失准角 φ_U	1.084 3E−17	7.200 5	73.612 5	92.206
	x 轴加速度计偏置∇_x	8.461 4E−18	0.831 5	1.893 2	2.451 3
	y 轴加速度计偏置∇_y	2.325 1E−16	0.258 1	1.030 2	1.018 01
	z 轴加速度计偏置∇_z	1.414 3	1.876 3	2.001 3	2.312 5
	x 轴加速度计刻度因子误差 δK_{ax}	2.291 1E−30	1.025 9	3.150 7	2.996 4
	y 轴加速度计刻度因子误差 δK_{ay}	9.386 9E−30	0.942 8	2.369 7	2.536 1

续　表

可观测度		机动方案			
		机动前	U 型机动	8 字型机动	S 型机动
POS 系统状态	z 轴加速度计刻度因子误差 δK_{az}	13.903 7	20.364 3	74.868 5	82.148 1
	加速度计 xy 轴安装误差 δA_{xy}	5.823 5E−26	4.471 2E−18	20.561 7	15.234 1
	加速度计 yx 轴安装误差 δA_{yx}	1.738 2E−25	3.562 9E−18	16.893 3	8.468 9
	加速度计 xz 轴安装误差 δA_{xz}	3.298 1E−15	36.587 2	105.843 9	89.471 2
	加速度计 zx 轴安装误差 δA_{zx}	3.443E−20	1.845E−18	1.752 4	1.114 7
	加速度计 yz 轴安装误差 δA_{yz}	7.013 5E−16	0.004 781	2.506 1	2.015 71
	加速度计 zy 轴安装误差 δA_{zy}	3.403 5E−26	1.872 9E−20	1.128 8	0.893 3
	x 轴陀螺漂移 ε_x	13.833 9	33.445 7	142.644 5	159.289 3
	y 轴陀螺漂移 ε_y	13.832 9	34.236 9	142.428	158.314 7
	z 轴陀螺漂移 ε_z	0.000 8	5.697 4	10.240 2	27.542 8
	x 轴陀螺刻度因子误差 δK_{gx}	6.768 8E−20	1.258 7	6.507 2	8.983 6
	y 轴陀螺刻度因子误差 δK_{gy}	4.656 3E−20	0.893 3	4.361 5	3.478 5
	z 轴陀螺刻度因子误差 δK_{gz}	2.492 8E−23	0.752 3	3.215 9	3.878 8
	陀螺 xy 轴安装误差 δG_{xy}	4.212 6E−23	2.391 5E−14	0.000 5	0.000 1
	陀螺 yx 轴安装误差 δG_{yx}	1.254 5E−20	0.000 06	0.004 8	0.002 5
	陀螺 xz 轴安装误差 δG_{xz}	5.179 9E−24	3.148 3E−15	0.001 3	0.000 4
	陀螺 zx 轴安装误差 δG_{zx}	1.654 5E−25	1.258 7E−6	0.000 4	0.000 05

续　表

可观测度		机动方案			
		机动前	U型机动	8字型机动	S型机动
POS系统状态	陀螺 yz 轴安装误差 δG_{yz}	1.877 1E−23	4.675 8E−16	0.000 1	0.000 3
	陀螺 zy 轴安装误差 δG_{zy}	1.683 4E−28	1.978 5E−15	0.000 5	0.000 6

由图2-9和表2-2中可以看出，在机动后POS系统状态的可观测度都有不同程度的提高，其中以S型机动最为突出，同时S型机动方案实施也较为容易，因此S型机动是一种较为合理的机动方式。

2.6.2　仿真方案设计

利用轨迹发生器产生陀螺、加速度计和GPS的输出量，并以表2-1中的POS器件精度为依据加入误差量。按照航空遥感运动成像的实际要求，飞行轨迹设计如下所述。

1. 初始条件

初始时刻位置为北纬47°，东经115°，高度为6 000 m；初始姿态保持当地水平，航向为北偏东45°；初始速度为100 m/s。

2. 飞行过程

在整个飞行过程中速度和高度保持不变，机动转弯处考虑了横滚角的变化。具体飞行过程设置见表2-3。

表2-3　飞行过程设置

时间/s	载体运动方式
0～100	匀速直航
100～1 300	S型机动
1 300～2 300	匀速直航
2 300～2 700	顺时针U型转弯180°
2 700～3 700	匀速直航
3 700～4 100	逆时针U型转弯180°
4 100～5 100	匀速直航

飞行平面轨迹如图 2 - 10 所示。

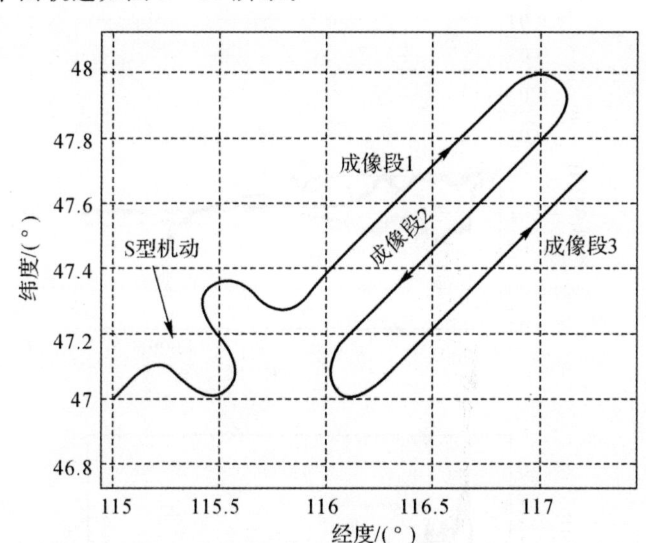

图 2 - 10　飞行平面轨迹曲线

2.6.3　仿真结果及分析

1. 系统滤波稳定性验证

为了考察建立的 39 维高阶误差模型的系统滤波稳定性，这里采用的滤波稳定判别条件为：如果系统是可观测的，且系统状态向量的均方误差阵初值 $\boldsymbol{P}_0$ 大于 0，则 Kalman 滤波器是滤波稳定的。对于系统的可观测度分析，采用一种近似的方法[73]，即研究系统的输出端对系统状态估计的可能性。如果一个系统是可观测的，那么系统方程中所有的状态在输出端都是可被估计的。相反，如果某一个状态在输出端是不可估计的，那么该状态就不可观测。39 维高阶误差模型滤波结果中的系统状态估计结果如图 2 - 11 所示。

由图 2 - 11 可以看出，Kalman 滤波器对陀螺三个轴总体漂移的估计稳定在 0.01°/h～0.02°/h 之间，对加速度计三个轴总体偏置的估计稳定在（$2\times10^{-5}\sim6\times10^{-5}$）$g$ 范围内，对陀螺和加速度计各自三个轴刻度因子误差的估计均在 2×10^{-5} 内，对陀螺和加速度计各自三个轴安装误差的估计保持在 1′～2′之间。由此可知，系统状态是可观测的，并且在使用 Kalman 滤波器时将系统状态向量均方误差阵初值 $\boldsymbol{P}_0$ 取成大于 0 的值，故建立的 39 维高阶误差模型具有系统滤波稳定性。

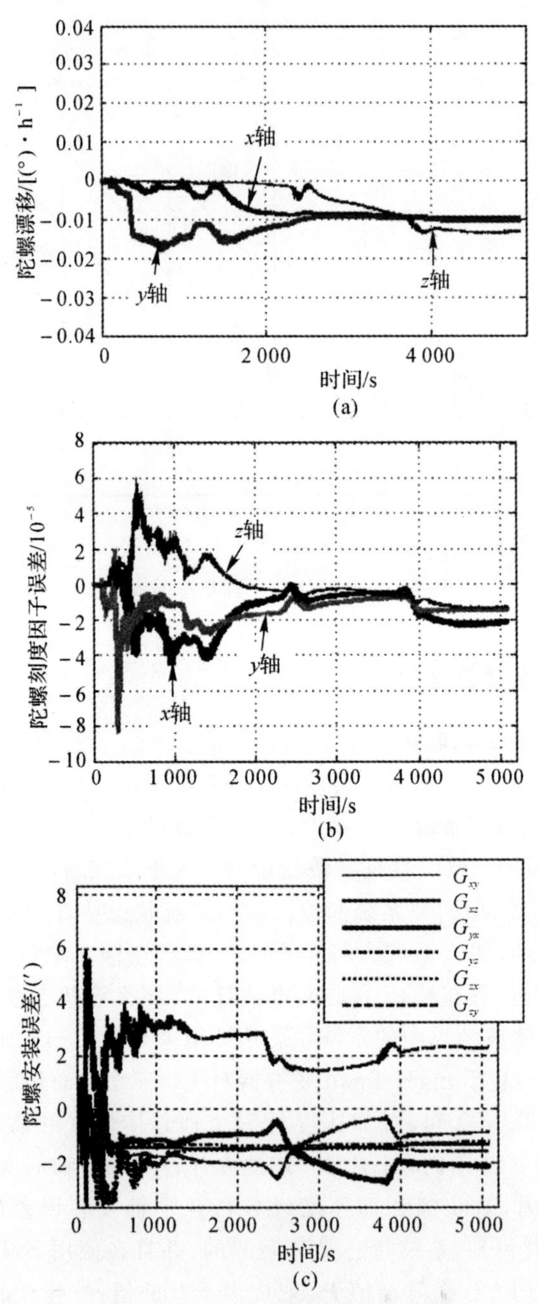

图 2-11　POS 系统状态估计结果

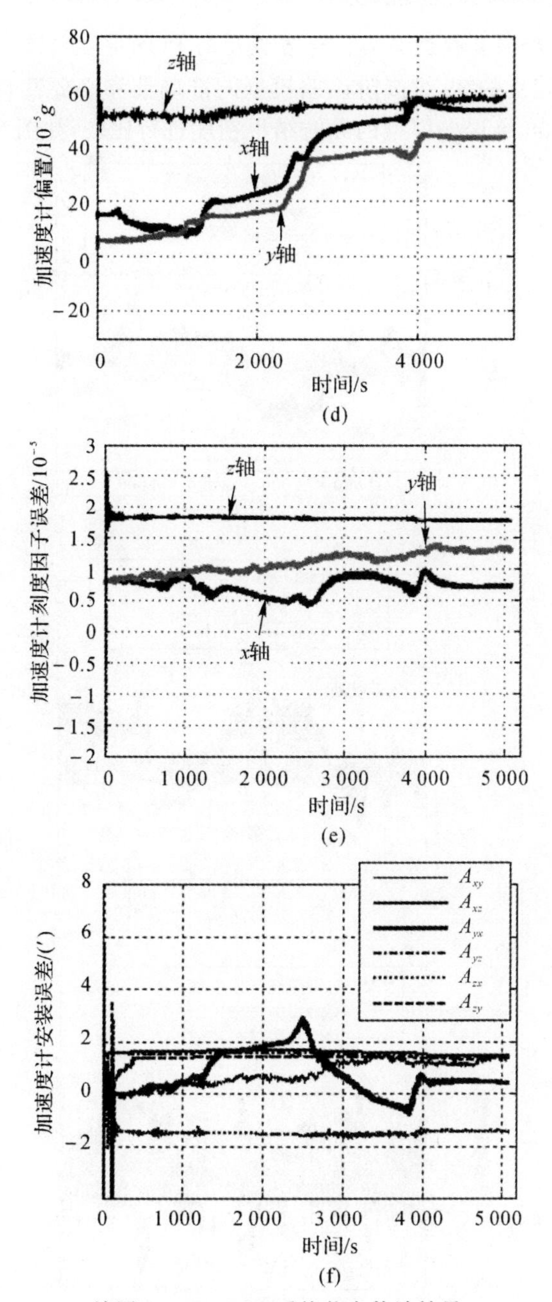

续图 2-11　POS 系统状态估计结果

(a)陀螺漂移估计；(b)陀螺刻度因子误差估计；(c)陀螺安装误差估计；
(d)加计偏置估计；(e)加计刻度因子误差估计；(f)加计安装误差估计

2. 39 维高阶误差模型与其他误差模型的 POS 导航精度比较

为了验证建立的 39 维高阶误差模型的准确性和必要性，将其与 15 维传统误差模型和 36 维误差模型的导航结果精度进行比较，如图 2-12 所示。

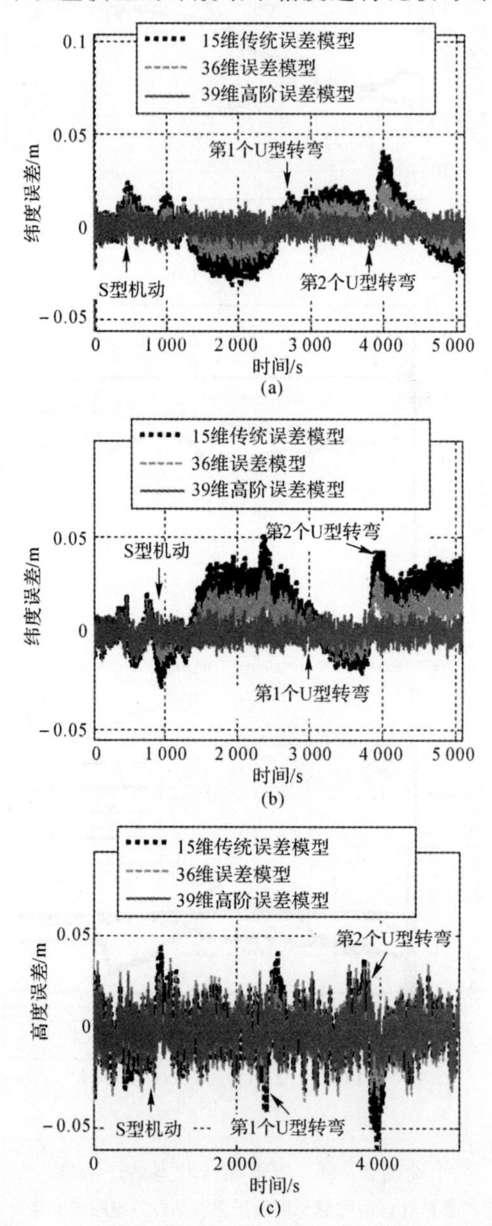

图 2-12 不同系统误差模型的 POS 导航精度对比

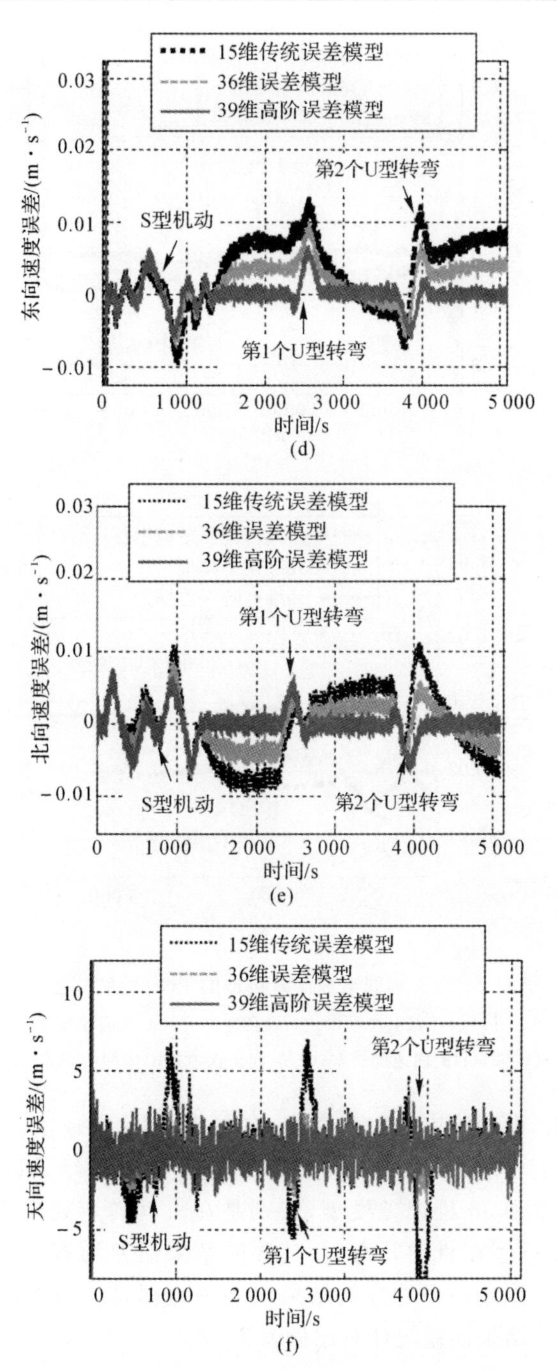

续图 2-12　不同系统误差模型的 POS 导航精度对比

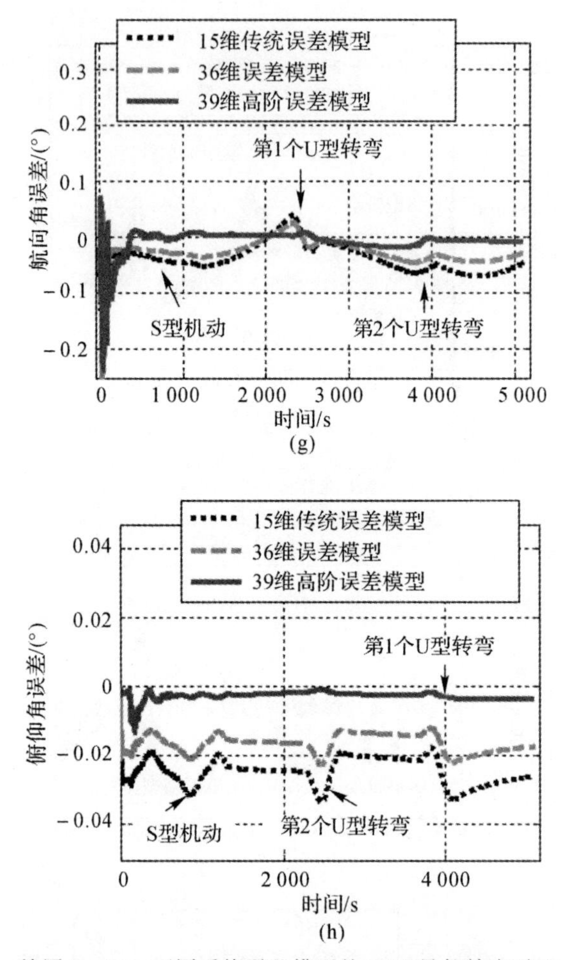

续图 2-12　不同系统误差模型的 POS 导航精度对比

(a)纬度误差;(b)经度误差;(c)高度误差;(d)东向速度误差;

(e)北向速度误差;(f)天向速度误差;(g)航向角误差;(h)俯仰角误差;(i)横滚角误差

由图 2-12 中的纬度、经度、高度、东向速度、北向速度、天向速度和姿态角误差曲线图上可以看出,39 维高阶误差模型的导航结果误差明显小于 15 维传统误差模型和 36 维误差模型,特别是在机动转弯处现象尤其突出。另外,后两种误差模型在机动转弯后,其导航结果误差均有一定程度的发散趋势,而 39 维高阶误差模型的导航结果误差一直保持了较好的收敛性和稳定性。具体的导航结果误差统计对比见表 2-4。

表 2-4　POS 导航结果误差统计(标准差 STD)

标准差(STD)		15 维传统误差模型	36 维误差模型	39 维高阶误差模型
位置误差/m	纬度	0.013 0	0.010 1	0.003 8
	经度	0.016 0	0.012 4	0.004 0
	高度	0.009 0	0.008 9	0.008 8
速度误差/(m/s)	东向	0.004 6	0.003 7	0.001 7
	北向	0.004 9	0.003 8	0.002 0
	天向	0.000 9	0.000 9	0.000 8
姿态误差/(°)	航向	0.034 7	0.026 0	0.019 1
	俯仰	0.005 2	0.003 9	0.001 2
	横滚	0.006 6	0.004 8	0.001 7

由表 2-4 结果可以看出,39 维高阶误差模型的平面位置误差精度在 10^{-3} 数量级内,而 15 维传统误差模型和 36 维误差模型仅在 10^{-2} 数量级内;39 维高阶误差模型的速度误差精度约为 15 维传统误差模型的 3 倍,约为 36 维误差模型的 2 倍;39 维高阶误差模型的航向角、俯仰角和横滚角误差精度分别比 15 维传统误差模型提高了 44.9%,76.9%和 74.2%,比 36 维误差模型提高了 26.5%,69.2%和 64.5%。

3. 结果分析

通过上面的结果可以看出,39 维高阶误差模型的精度高于 15 维传统误差模型和 36 维误差模型,究其根本原因是 POS 随载机运动时受刻度因子误差和安装误差的影响,IMU 各轴间存在相互耦合输出,这时不能将刻度因子误差和安装误差带来的误差等效于随机常值漂移(或偏置)。而 15 维传统误差模型将 POS 中所有的惯性器件误差(随机常值、一阶马尔科夫过程、白噪声、刻度因子误差和安装误差)都简化考虑为随机常值和白噪声,36 维误差模型则忽略了安装误差的标定残差,这两个误差模型均不能准确反映系统的误差传播特性,从而导致误差精度较低。建立的 39 维高阶误差模型则充分顾及了多种误差的影响,并考虑了各误差状态之间的关系,使其模型方程能准确地反映各误差状态带来的影响。

2.7　飞行实验及结果分析

为验证建立的39维高阶误差模型的实用性，进行了POS与相机联合飞行实验。实验采用的系统为北航研制的基于机抖激光陀螺的高精度POS(TX-L20-A2)和中国测绘研究院研制的可见光相机，实验载机为A2C水上超轻型飞机，如图2-13所示。北航激光POS的硬件性能指标见表2-5。

(a)

(b)

图2-13　飞行实验设备

(a)北航激光POS；(b)A2C超轻型飞机

表2-5　北航激光POS硬件性能指标

	参　数	精　度
IMU	频率	100 Hz
	陀螺零漂重复性	0.002°/h
	陀螺零漂稳定性	0.01°/h

续　表

	参　数	精　度
IMU	加速度计零偏重复性	$5\times10^{-5}g$
	加速度计零偏稳定性	$5\times10^{-5}g$
DGPS	频率	10 Hz
	位置测量精度	0.1 m
	速度测量精度	0.03 m/s

整个飞行实验时长共 2 h，飞行轨迹如图 2－14(a)所示。实验数据处理流程为：首先，进行基于建立的高阶误差模型和基于传统误差模型的 SINS/GPS 组合滤波，得到每张航摄相片的姿态角；其次，通过空三软件反算得到每张航摄照片的外方位元素，再通过系统安置误差的检校与补偿，得到每张航摄照片的姿态角；最后，将每张航摄照片两次得到的姿态角作差并进行统计分析，得出基于不同误差模型的 POS 精度分析，POS 姿态角误差曲线如图 2－14(b)(c)(d)所示。

通过 POS 精度统计分析可得，39 维高阶误差模型的航向角精度、俯仰角精度和横滚角精度要比 15 维传统误差模型提升 34.4%，3.9%和 38.9%，比 36 维误差模型提升 12.2%，7.5%和 29.4%；其中航向角和横滚角的精度提升比较大，而俯仰角的精度提升不明显，通过对载机飞行轨迹的分析，发现是由于载机机动不够理想，从而无法充分激励各误差状态对系统的影响引起的。机动不理想的原因是载机自身性能的限制和飞行时天气因素影响等，因此下一步工作需对非理想机动条件下高精度的 POS 数据处理进行深入研究。

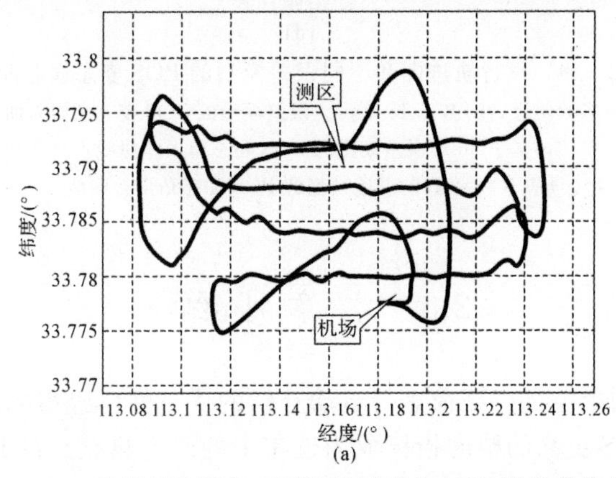

图 2－14　飞行轨迹图和不同误差模型的 POS 姿态误差曲线

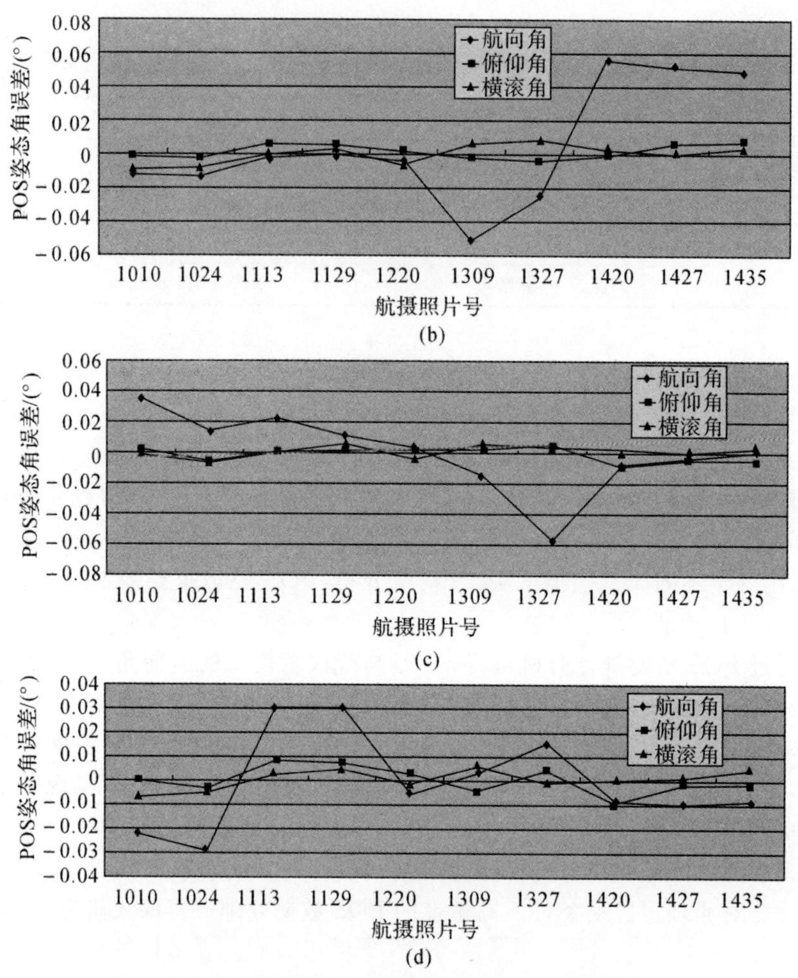

续图 2-14　飞行轨迹图和不同误差模型的 POS 姿态误差曲线

(a)飞行实验轨迹；(b)基于 15 维传统误差模型的 POS 姿态角误差曲线；

(c)基于 36 维误差模型的 POS 姿态角误差曲线；

(d)基于 39 维高阶误差模型的 POS 姿态角误差曲线

2.8　本章小结

使用 POS 对航空遥感载荷进行运动补偿的优越性已经得到业界广泛的认同，因此追求 POS 更高的精度指标成为近年来的研究热点。在 15 维传统误差模型的基础上考虑了陀螺和加速度计的刻度因子误差和安装误差的标定残差对 POS 精度的影响，并使用随机常值、一阶马尔科夫过程表示陀螺随机漂移和加速度计随机偏置，建立了一个 39 维的高阶误差模型。为了评价该模型的准确性和实用性，将其与其他的误差模型比较，进行了 POS 与相机的联合飞行实验。实验结果表明，基于 39 维高阶误差模型的 POS 精度较其他的误差模型有明显提高。

第3章　POS的高精度重力扰动补偿方法

3.1　引　　言

由于POS随载体一起在地球重力场中运动，加速度计测量到的比力是运动加速度和重力加速度的共同反映。为了得到POS组合导航计算中所需的运动加速度，必须从比力测量值之中分离出重力加速度。在通常情况下，导航计算所使用的重力加速度矢量是通过正常重力模型计算而得到的。在导航领域中常用的正常重力模型为WGS84重力模型，该模型将地球假设为一个形状和质量分布都很规则的匀速旋转的椭球（WGS84椭球），通过该椭球已知的形状与质量参数可以很方便地算出该椭球产生的引力位，再结合椭球旋转的离心力位就可推导出WGS84重力模型的正常重力公式，即

$$\left.\begin{aligned}&\boldsymbol{g}_{\mathrm{m}}^{\mathrm{n}}=\begin{bmatrix}0\\0\\\gamma(L,h)\end{bmatrix}\\&\gamma(L,h)=9.780\,325\,3\times(1+0.005\,302\,2\sin^2L-0.000\,005\,8\sin^2 2L)-\\&\qquad(3.087\,7-0.004\,4\sin^2L)\times10^{-6}h+0.072\times10^{-12}h^2\end{aligned}\right\}\tag{3.1}$$

式(3.1)中，$\gamma(L,h)$表示正常重力加速度值，L和h为地理纬度和海拔高度。

然而，真实的地球形状是不规则的，并且内部的质量分布也不均匀，这就造成了采用正常重力模型求得的正常重力只是真实重力的近似表示，其二者之差（即重力扰动）是客观存在的，如图3-1所示[74]。对于中低精度POS，由于其惯性器件自身误差（陀螺漂移、加速度计偏置）相对较大，主要误差源为惯性器件误差，重力扰动对POS导航精度产生的影响可以忽略不计，因而采用正常重力即可满足中低精度POS的要求。随着惯性器件本身的逐渐完善，惯性器件自身精度得到极大提高，对于高精度的POS，惯性器件的精度量级已远高于重力扰动的量级，这时重力扰动已成为高精度POS的一项突出的误差源，在POS导航计算中不能再简单使用正常重力代替真实重力，否者将严重

影响高精度 POS 的导航精度。因此对于高精度 POS 而言，重力扰动不可忽略，必须考虑对重力扰动进行有效补偿。

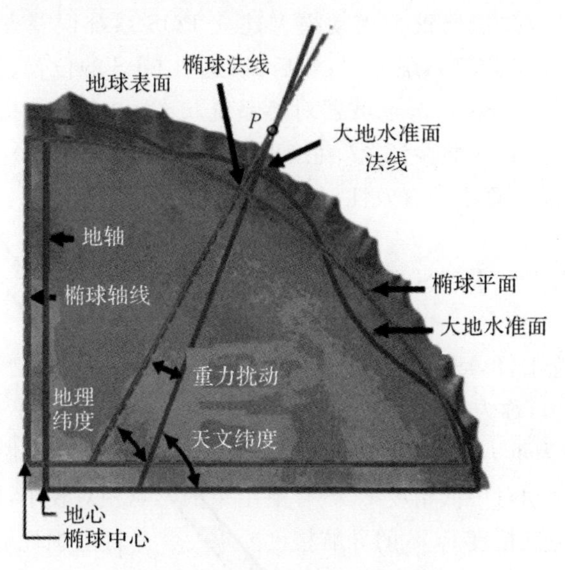

图 3-1　重力扰动示意图[74]

对重力扰动进行有效补偿的前提是精确获得重力扰动，目前主要有三种测量重力扰动的方法：①绝对重力仪测量法；②基于统计模型的最优估计法；③直接求差法。基于绝对重力仪测量的方法可以得到每一个重力测量位置的精确测量结果[75]，但受地形等客观因素的制约，不仅效率低下，而且人力物力耗费巨大。基于统计模型的最优估计法从理论上可以得到最优的重力扰动估计值[76]，前提是拥有一个足够精确的重力扰动模型，如果面对一个陌生测区或者地形复杂、地壳密度变化较大的测区，精确重力扰动模型的建立将十分困难。直接求差法是目前普遍采用的方法，其将 SINS 测量的比力与 GPS 测量的运动加速度二者求差即可得到重力扰动信息[77]，但是直接求差法不是一种最优的估计算法，其得到的重力扰动测量值精度有限，不能满足高精度 POS 定姿定位的需求。

针对上述重力扰动测量方法存在的不足，特别是在对陌生、复杂地形的测区进行作业的情况下，建立一种高效、精确的重力扰动测量方法是十分必要的。在此提出一种将直接求差法和基于统计模型的最优估计法相结合的精确测量重力扰动方法(DD-M)。首先，利用直接求差法求出有限精度的重力扰动值，以此为先验信息采用时间序列分析法[78-81]推测重力扰动的数据分布情况，建立一个较为合理的重力扰动模型；其次，将重力扰动作为新的状态量进行系统状态增广，并根据重力扰动模型建立POS系统误差方程，得到用于Kalman滤波的误差模型系统方程；然后，再选取GPS的位置、速度和加速度作为外部量测，采用Kalman滤波器对各系统状态(包含重力扰动)进行最优估计；最后，通过飞行实验验证了“直接求差＋模型”(DD-M)重力扰动测量方法在POS导航计算中的有效性。

3.2 POS重力补偿方法的研究现状

在通常情况下，POS在导航计算中一般采用正常重力模型(如WGS84)获取重力矢量[82]，称为正常重力。正常重力与真实重力之间不可避免地存在偏差，此偏差即为重力扰动。中低精度POS的主要误差源为惯性器件误差，这意味着重力扰动对中低精度POS导航结果的影响相对较小，因而采用正常重力即可满足中低精度POS的导航精度要求[83-84]。随着惯性器件(加速度计和陀螺仪)制造技术的不断发展，对于高精度的POS而言，惯性器件的精度量级远高于重力扰动的量级，这时重力扰动已成为高精度POS的重要误差源之一[85]，再简单使用正常重力模型计算出的正常重力矢量将严重影响高精度POS的导航精度。因此在高精度POS的导航计算中重力扰动不可忽略，必须考虑对重力扰动进行补偿。

国外在重力扰动方面的研究起始于20世纪60年代，主要集中在研究重力扰动对惯性导航系统定位精度的影响。1968年，Nash[86]等人对车载/舰载惯性导航系统的定位精度受重力垂线偏差影响进行了研究。1976年，Bernstein[87]等人对机载惯性导航系统的定位精度受重力垂线偏差影响进行了研究。随着卡尔曼滤波方法在惯性/卫星等多传感器组合导航系统上的普及应用，重力扰动被当作卡尔曼滤波器的系统误差状态进行最优估计，但是这种方法需要建立重力扰动的统计模型，再根据统计参数设计出重力扰动矢量的成形滤波器。1966—1988年间，Moritz，Shaw，Nash，Tscherning，Forsberg[88-92]等人在重力扰动统计建模方面进行了深入研究，建立了多个不同的重力扰动随机模型。这些模型能够反映出重力扰动的实际特性，却并不适合转换为成形滤波器，因而不适合应用于卡尔曼滤波方法。1966—1988年间，Kasper，Jordan，Schwarz，Eissfeller[55-58]等人采用一阶、二阶等高斯-马尔科夫过程来描述重力扰动的统计模型，适合于卡尔曼滤波的应用，但不能普遍适用于任何区域的重力场。1987年，Jordan[59]从理论上分析了不同精度惯性导航系统所需要的重力测量技术及其相应的精度。1991年，Thong[60]分析了分别采用不同阶次重力场球谐模型(36阶、180阶和360阶)与正常模型重力一起应用于惯性导航系统力学编排，对惯性导航系统定位精度的提高。2001年，Jekeli[93]在短时GPS失锁情况下对GPS/INS组合导航系统重力补偿方法进行了研究。1998年和2005年，Grejner－Brzezinska[94]利用实测的$2'\times2'$的重力垂线偏差网格数据对GPS/INS组合系统进行重力扰动补偿，分析了其对定位精度提升的效果。2004年，Kwon[95]对高精度惯性导航系统的重力扰动补偿方法进行了研究。2000年，Bruton[77]在其博士论文中基于加拿大Calagry大学的SISG系统采用了直接求差法计算重力扰动。2002年，Kwon和Jekeli[96]分别采用三阶马尔科夫过程和十阶三角多项式作为重力扰动的统计模型，对重力扰动进行最优估计，并与采用直接求差法计算重力扰动的结果进行了比较分析。2009年，George[97]对15种重力扰动统计模型在航空应用进行了综述分析。

近几年来，国内许多学者也对惯性导航系统的重力补偿技术进行了研究。1991年，董绪荣、宁津生[98]等人对重力扰动在惯性导航系统中的影响进行了研究分析，给出了两个研究重力扰动影响的方法，讨论了在不同应用环境下由重力扰动直接或间接引起的惯性导航系统各项定位误差的大小及变化规律，并研究了减弱重力扰动影响、提高惯性导航系统定位精度的方法。2004年，李卓[99]等人对地球重力场模型和中国海及领域的重力异常特征进行了描述，并基于惯性导航系统的误差方程通过理论分析和仿真实验对重力扰动产生的影响进行了研究。2005年，陈永冰、边少锋[100]等人建立了基于重力异常的平台式惯性导航系统误差模型，推导出重力异常东向和北向分量对各系统误差量的传递函数，并通过仿真实验论证了其提出的在平台式惯性导航系统力学编排中修正重力异常的方案。2006年，李斐、束蝉方[101]等人对惯性导航系统采用已有的EGM96重力场模型进行重力扰动补偿所能达到的定位精度进行了研究分析，讨论了实施GOCE任务和改进重力场模型对惯性导航系统定位精度的影响，并提出了未来高精度惯性导航系统对重力扰动补偿精度的要求。同年，吴太旗、边少锋[102]等人将高阶重力模型引入到惯性导航力学编排方程中，取代了正常重力模型，对重力扰动引起的惯性导航误差进行了分析，同时也在惯性导航方程中考虑了重力垂线偏差分量产生的影响，提出了两种重力扰动补偿的方法。2010年，金际航、边少锋[103]基于重力学和牛顿第二定理的基本概念，推导了考虑重力扰动的惯性导航系统误差方程，分析了单通道惯性导航系统由重力垂线偏差引起的惯性导航位置误差及其传播特性。本章将瞄准基于高精度POS重力扰动补偿方法的国际前沿，针对现有重力扰动补偿方法的不足，研究满足高精度POS定姿定位需求的重力扰动补偿方法。

3.3 基于重力扰动的POS误差分析

POS的误差分析通常从SINS力学编排开始。根据牛顿第二定律可推导出地理坐标系n下的比力方程[104]为

$$\dot{\boldsymbol{V}}^{n}=\boldsymbol{f}^{n}-(2\boldsymbol{\omega}_{ie}^{n}+\boldsymbol{\omega}_{en}^{n})\times\boldsymbol{V}^{n}+\boldsymbol{g}^{n} \tag{3.2}$$

式(3.2)中，$\boldsymbol{V}^{n}$表示在n系下的载体运动速度矢量；$\dot{\boldsymbol{V}}^{n}$为V^{n}的一阶时间导数，表示载体的运动加速度矢量；$\boldsymbol{f}^{n}$表示在n系下加速度计测量的比力矢量；$\boldsymbol{\omega}_{ie}^{n}$表示在n系下地球自转角速度矢量；$\boldsymbol{\omega}_{en}^{n}$表示n系相对地球坐标系e的转动角速度矢量在n系下的投影；$\boldsymbol{g}^{n}$表示在n系下真实重力矢量。

对式(3.2)两边进行一次微分δ，得到其扰动方程为

$$\delta\dot{\boldsymbol{V}}^{n}=\delta\boldsymbol{f}^{n}-(2\delta\boldsymbol{\omega}_{ie}^{n}+\delta\boldsymbol{\omega}_{en}^{n})\times\boldsymbol{V}^{n}-(2\boldsymbol{\omega}_{ie}^{n}+\boldsymbol{\omega}_{en}^{n})\times\delta\boldsymbol{V}^{n}+\delta\boldsymbol{g}^{n} \tag{3.3}$$

在n系下比力$\boldsymbol{f}^{n}$的测量误差主要来自于姿态误差和加速度计的偏置误差，在忽略二阶以上误差项的前提下，其误差模型为

$$\delta\boldsymbol{f}^{n}=\boldsymbol{\psi}^{n}\times\boldsymbol{f}^{n}+\boldsymbol{C}_{b}^{n}\nabla_{b} \tag{3.4}$$

式(3.4)中，$\delta\boldsymbol{f}^{n}$为n系下的比力测量误差，$\boldsymbol{\psi}^{n}$为地理坐标系下的姿态误差，∇_{b}为加速度计的偏置误差，$\boldsymbol{C}_{b}^{n}$为载体坐标系b与n系之间的方向余弦矩阵。

将式(3.4)带入式(3.3)中，得到速度误差矢量的微分方程为

$$\begin{aligned}\delta\dot{\boldsymbol{V}}^{n}=&\boldsymbol{\psi}^{n}\times\boldsymbol{f}^{n}+\boldsymbol{C}_{b}^{n}\nabla_{b}+\delta\boldsymbol{g}^{n}-(2\delta\boldsymbol{\omega}_{ie}^{n}+\delta\boldsymbol{\omega}_{en}^{n})\times\\&\boldsymbol{V}^{n}-(2\boldsymbol{\omega}_{ie}^{n}+\boldsymbol{\omega}_{en}^{n})\times\delta\boldsymbol{V}^{n}\end{aligned} \tag{3.5}$$

通过式(3.5)可以看出，重力扰动$\delta\boldsymbol{g}^{n}$给加速度计的测量值引入了误差，从而影响了速度精度，并通过误差耦合关系也影响了位置精度和姿态精度。从速度误差微分方程总体上看，重力扰动$\delta\boldsymbol{g}^{n}$和加速度计的偏置误差∇_{b}对POS导航计算的影响是等效的。随着POS器件精度的不断提升，重力扰动的当量已经与高精度加速度计的分辨率相当。例如：在美国Texas-Oklahoma地区的某区域，通过地面精确测量得到该区域的重力场数据，从而计算出当地重力扰动值[105]，如图3-2所示。

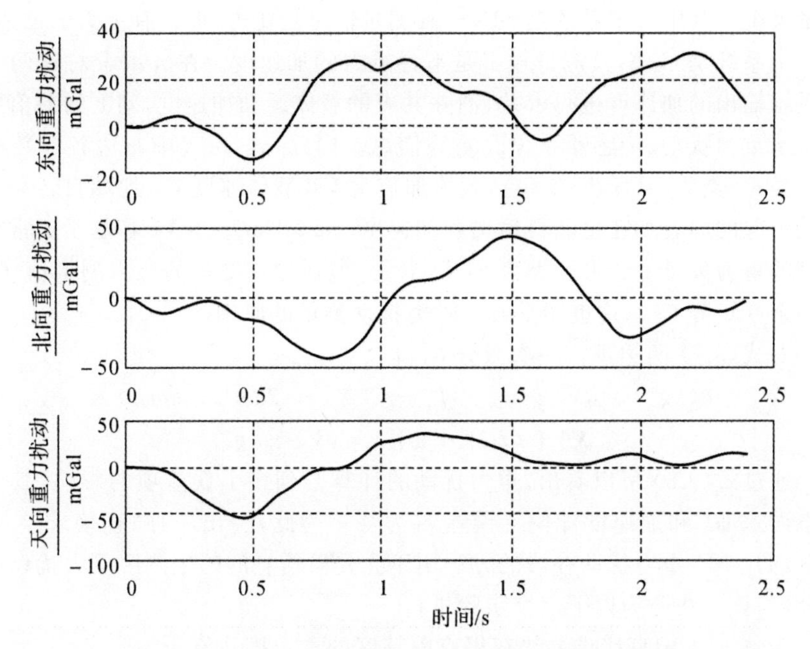

图 3-2　重力扰动(美国 Texas-Oklahoma 地区某区域)

由图 3-2 可以看出,该区域的重力扰动值达到了 20～50 mGal(1 mGal=10^{-5} m/s^2)与目前高精度 POS 中的加速度计测量精度在同一水平,重力扰动已成为高精度 POS 的一个主要误差源。因此,对高精度的 POS 进行重力扰动补偿是十分必要的。

3.4　一种"直接求差+模型"(DD-M)高精度重力扰动补偿方法

进行重力扰动补偿之前必须获得重力扰动值,由于真实重力矢量 $\boldsymbol{g}^n$ 可表示为正常重力模型(常用 WGS84 模型)计算的重力矢量 $\boldsymbol{g}_m^n$ 与重力扰动矢量 $\delta\boldsymbol{g}^n$ 之和,即

$$\boldsymbol{g}^n=\boldsymbol{g}_m^n+\delta\boldsymbol{g}^n \tag{3.6}$$

因此计算重力扰动的数学模型根据式(3.2)可写为

$$\delta\boldsymbol{g}^n=\dot{\boldsymbol{V}}^n-\boldsymbol{C}_b^n\boldsymbol{f}^b+(2\boldsymbol{\omega}_{ie}^n+\boldsymbol{\omega}_{en}^n)\times\boldsymbol{V}^n-\boldsymbol{g}_m^n \tag{3.7}$$

由于加速度计不能区分作用于它的力是重力还是作加速运动引起的惯性力,无法直接从 SINS 测量值中测得重力扰动,故需要采用两个不同的加速度

测量系统。其中一个系统是SINS,其测量输出是比力,即含有重力的加速度;另一个系统是GPS,其测量输出是不含重力的加速度。在n系下对这两个不同系统输出的加速度进行求差,消除共有的载体运动加速度,剩下的差值中就包含了重力扰动、传感器系统误差等信息。因此,式(3.7)中右边各参数可分为两类:一类为GPS获得,包括载体加速度$\dot{\boldsymbol{V}}^{n}$、载体速度$\boldsymbol{V}^{n}$、地球自转和载体运动引起的向心加速度和科里奥利加速度$(2\boldsymbol{\omega}_{ie}^{n}+\boldsymbol{\omega}_{en}^{n})\times\boldsymbol{V}^{n}$和基于正常重力模型的重力矢量$\boldsymbol{g}_{m}^{n}$;另一类为SINS获得,包括加速度计的比力测量值$\boldsymbol{f}^{b}$和方向余弦矩阵$\boldsymbol{C}_{b}^{n}$。这也即是航空重力扰动测量的原理。

对式(3.7)两边进行一次微分δ,得

$$\delta(\delta\boldsymbol{g}^{n})=\delta\dot{\boldsymbol{V}}^{n}-\boldsymbol{\psi}^{n}\times\boldsymbol{f}^{n}-\boldsymbol{C}_{b}^{n}\nabla_{b}+(2\delta\boldsymbol{\omega}_{ie}^{n}+\delta\boldsymbol{\omega}_{en}^{n})\times\boldsymbol{V}^{n}+(2\boldsymbol{\omega}_{ie}^{n}+\boldsymbol{\omega}_{en}^{n})\times\delta\boldsymbol{V}^{n}-\delta\boldsymbol{g}_{m}^{n} \tag{3.8}$$

通过式(3.8)可以看出,重力扰动的计算受到多个误差项的影响,其中以姿态误差$\boldsymbol{\psi}^{n}$和加速度计偏置误差∇_{b}为甚。为此,提出一种“直接求差+模型”(DD-M)重力扰动补偿的方法用于无先验信息的陌生测区重力扰动测量和补偿,该方法分为以下三个步骤进行。

步骤1:采用直接求差法获得有限精度的重力扰动值。

直接求差法的基本原理与航空重力扰动测量原理是一致的,即由SINS测量载体的比力,由GPS测量载体的运动加速度,二者的测量值求差,就得到重力扰动信息,具体计算公式为公式(3.7)。这里得到的重力扰动测量值精度越高,对后面建立精确的重力扰动模型越有利。为提高n系下的比力$\boldsymbol{f}^{n}$测量精度,可以采用Kalman滤波器进行SINS与GPS的组合滤波,估计出姿态误差$\boldsymbol{\psi}^{n}$及加速度计的偏置误差∇_{b}对比力$\boldsymbol{f}^{n}$进行校正。

直接求差法的具体实现过程为:

(1) 将SINS中加速度计和陀螺的输出值进行捷联惯导解算,得到SINS输出n系下的位置、速度、姿态和比力测量值$\boldsymbol{f}^{n}=\boldsymbol{C}_{b}^{n}\boldsymbol{f}^{b}$。

(2) 根据SINS的误差模型方程,利用GPS输出的位置和速度作为量测量,设计Kalman滤波器对SINS的位置误差、速度误差、姿态误差$\boldsymbol{\psi}^{n}$、加速度计零偏∇_{b}和陀螺零漂$\boldsymbol{\varepsilon}_{b}$进行估计,并根据估计出的$\boldsymbol{\psi}^{n}$和$\nabla_{b}$对$\boldsymbol{f}^{n}$进行校正,得到较为精确的地理坐标系下的比力测量值。

(3) 根据GPS输出的位置和速度信息计算出载体加速度$\dot{\boldsymbol{V}}^{n}$、向心加速度和科里奥利加速度$(2\boldsymbol{\omega}_{ie}^{n}+\boldsymbol{\omega}_{en}^{n})\times\boldsymbol{V}^{n}$和基于重力模型的重力矢量$\boldsymbol{g}_{m}^{n}$。

(4) 利用式(3.7)计算重力扰动值。

直接求差法的原理框图见图3-3。

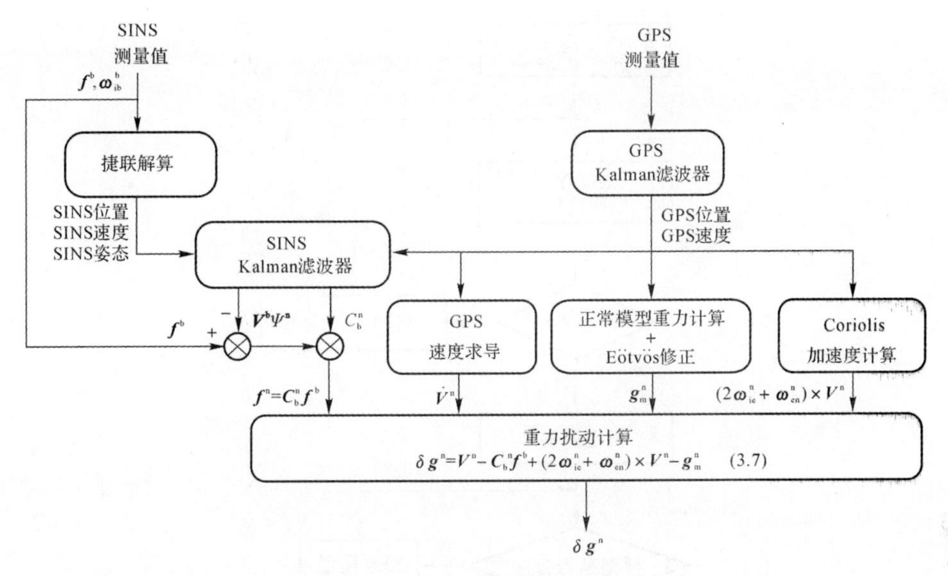

图 3-3　直接求差法原理框图

步骤 2:采用时间序列分析法建立重力扰动统计模型。

基于步骤 1 中直接求差法得到的有限精度的重力扰动数据,开始建立重力扰动统计模型。如 3.1 节中所言,采用状态空间法对重力扰动进行最优估计的前提是获得一个精确的重力扰动统计模型。该重力扰动模型必须满足:① 易转换为成形滤波器,便于应用于最优估计方法中;② 尽可能描述真实重力场的变化情况。因此,采用时间序列分析法建立重力扰动模型,建模过程如图 3-4 所示。

(1) 平稳性检验。采用时间序列分析法对重力扰动进行建模,其假设条件是重力扰动数据为平稳时间序列[106],所以需要检验重力扰动数据序列的稳定性。采用逆序检验法,将整个重力扰动数据序列分成 m 段,求出每段数据序列的均值,记为 $y_1, y_2, \cdots, y_m$;y_i 的逆序数 A_i 等于 $y_j(y_j > y_i, j > i)$ 的个数。逆序总数 A 等于 $\sum_{i=1}^{m-1} A_i$,其期望 $E(A) = m(m-1)/4$,方差 $D(A) = m(2m^2+3m-5)/72$。令统计量 $B = [A+0.5-E(A)]/(D(A))^{1/2}$ 渐进服从 $N(0,1)$ 分布。在显著性水平 $\alpha = 0.05$ 情况下,若 $|B| < 1.96$(按照 2σ 准则),则认为重力扰动数据序列是平稳序列;否则认为是非平稳序列,需要对该序列进行差分平稳处理。

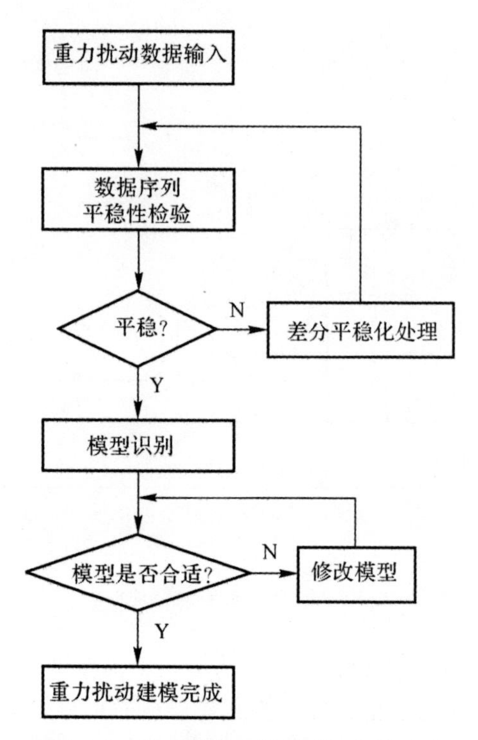

图 3-4　重力扰动时间序列法建模过程

(2) 模型识别。对于差分平稳化后的重力扰动数据序列,可以根据其自相关函数 $\hat{\rho}_k$ 和偏相关函数 $\hat{\varphi}_{kk}$ 的拖尾与截尾特性来对时间序列模型进行识别。相关函数的计算公式为

$$\left.\begin{aligned}&\hat{\rho}_k=\hat{\gamma}_k/\hat{\gamma}_0\\&\hat{\gamma}_1=\frac{1}{n}\sum_{j=1}^{n-k}y_jy_{j+k}\end{aligned}\quad,\quad k=0,1,2,\cdots,K(K<n)\right\}\tag{3.9}$$

$$\begin{pmatrix}\hat{\varphi}_{k1}\\\hat{\varphi}_{k2}\\\vdots\\\hat{\varphi}_{kk}\end{pmatrix}=\begin{pmatrix}1&\hat{\rho}_1&\cdots&\hat{\rho}_{k-1}\\\hat{\rho}_1&&&\vdots\\\vdots&&\ddots&\hat{\rho}_1\\\hat{\rho}_{k-1}&\cdots&\hat{\rho}_1&1\end{pmatrix}=\begin{pmatrix}\hat{\rho}_1\\\hat{\rho}_2\\\vdots\\\hat{\rho}_k\end{pmatrix}\tag{3.10}$$

式(3.9)中,$\{y_t\}$ 为重力扰动数据序列,其长度为 n 。

时间序列模型的具体判断规则[106]见表 3-1。

表 3-1　模型识别判断规则

模　型	AR(p)	MA(q)	ARMA(p, q)
自相关函数 $\hat{\rho}_k$(ACF)	拖尾	截尾	拖尾
偏相关函数 $\hat{\varphi}_{kk}$(PACF)	截尾	拖尾	拖尾

(3)模型参数估计。在判断出重力扰动数据序列的模型类型后，采用最小二乘法估计时间序列模型的参数。以 AR (p) 模型为例，则重力扰动数据序列{ y_t} 可表示为

$$y_t = \phi_1 y_{t-1} + \phi_2 y_{t-2} + \cdots + \phi_p y_{t-p} + \omega_t \tag{3.11}$$

式(3.11) 中，$\{\varphi_i \mid i = 1, 2, \cdots, p\}$ 为 AR 模型的参数；p 表示 AR 模型的阶数；ω_t 为白噪声。

基于最小二乘法理论，自回归系数 $\boldsymbol{\varphi} = [\varphi_1\ \varphi_2\ \cdots\ \varphi_p]^{\mathrm{T}}$ 的估计值为

$$\boldsymbol{\phi} = (\boldsymbol{C}^{\mathrm{T}}\boldsymbol{C})^{-1}\boldsymbol{C}^{\mathrm{T}}\boldsymbol{D} \tag{3.12}$$

式(3.12) 中，$\boldsymbol{C} = \begin{bmatrix} y_p & y_{p-1} & \cdots & y_1 \\ y_{p+1} & y_p & \cdots & y_2 \\ \vdots & \vdots & & \vdots \\ y_{n-1} & y_{n-2} & \cdots & y_{n-p} \end{bmatrix}$，$\boldsymbol{D} = \begin{bmatrix} y_{p+1} \\ y_{p+2} \\ \vdots \\ y_n \end{bmatrix}$。

(4) 模型适用性检验。采用 AIC 准则[107-108] 检验时间序列模型的阶数，AIC 准则函数为

$$\mathrm{AIC}(p) = -2\lg L + 2p \tag{3.13}$$

式(3.13) 中，p 为参数个数，L 为数据序列的似然函数。

AIC 准则函数由两部分组成，第一项 $-2\lg L$ 体现了时间序列模型拟合的好坏，其随着阶数的增加而变小；第二项 $2p$ 标志了模型参数的多少，其随着阶数的增加而变大。在检验时，预先给定模型阶数的上限为$\sqrt{n}$，当 AIC(p) 取值最小时的模型为适用模型。

步骤 3：基于重力扰动统计模型的状态空间法估计重力扰动矢量。

在 3.1 节中提到过，重力扰动作为一个重要误差源直接影响了 POS 的精度，对其进行误差补偿所采用的最优测量方法是基于重力扰动统计模型的状态空间法，其核心思想是：将步骤 2 中获得的重力扰动统计模型引入 SINS 误差方程，以 GPS 的位置、速度和加速度为外部观测量，采用 Kalman 滤波器对重力扰动矢量进行最优估计。基于重力扰动统计模型的状态空间法原理框图如图3-5所示。

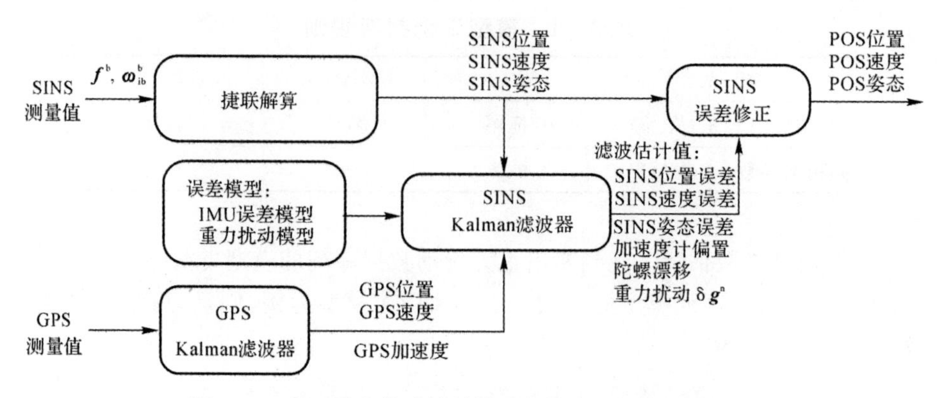

图 3-5　基于重力扰动统计模型的状态空间法原理框图

在应用 Kalman 滤波器之前需要确定滤波系统模型和量测模型，前者可由 SINS 误差方程推导滤波系统状态方程而得到，后者可由系统量测方程得到。

(1)SINS 误差方程。SINS 误差方程包含有 SINS 系统误差模型、IMU 误差模型和重力扰动模型，其具体形式如下所述。

位置误差方程为

$$\left.\begin{aligned}\delta\dot{L}&=-\frac{V_N\cdot\delta h}{(R_m+h)^2}+\frac{\delta V_N}{R_m+h}\\ \delta\dot{\lambda}&=\frac{V_E\cdot\sec L\cdot\tan L\cdot\delta L}{R_n+h}-\frac{V_E\cdot\sec L\cdot\delta h}{(R_n+h)^2}+\frac{\sec L\cdot\delta V_E}{R_n+h}\\ \delta\dot{h}&=\delta V_U\end{aligned}\right\}\tag{3.14}$$

速度误差方程为

$$\begin{aligned}\delta\dot{\boldsymbol{V}}^n=&\boldsymbol{\psi}^n\times\boldsymbol{f}^n+\boldsymbol{C}_b^n\nabla-(2\boldsymbol{\omega}_{ie}^n+\boldsymbol{\omega}_{en}^n)\times\delta\boldsymbol{V}^n+\\&(2\delta\boldsymbol{\omega}_{ie}^n+2\delta\boldsymbol{\omega}_{en}^n)\times\boldsymbol{V}^n+\delta\boldsymbol{g}^n\end{aligned}\tag{3.15}$$

姿态误差方程为

$$\dot{\boldsymbol{\psi}}^n=\boldsymbol{\psi}^n\times(\boldsymbol{\omega}_{ie}^n+\boldsymbol{\omega}_{en}^n+\delta\boldsymbol{\omega}_{ie}^n+\delta\boldsymbol{\omega}_{en}^n+\boldsymbol{C}_b^n\boldsymbol{\varepsilon}\tag{3.16}$$

式(3.14)～式(3.16)中，L,λ,h 为 n 系下的位置信息(纬度、经度、高度)；$\boldsymbol{V}^n=[V_E\ V_N\ V_U]^T$ 为 n 系下的速度信息(东向速度、北向速度、天向速度)；$\boldsymbol{\psi}^n=[\psi_E\ \psi_N\ \psi_U]^T$ 为 n 系下的姿态误差信息(东向失准角、北向失准角、天向失准角)；R_n 与 R_m 分别为地球卯酉圈与子午圈的主曲率半径；$\nabla=\nabla_b+\boldsymbol{\omega}_a$ 为加速度计的偏置误差(零偏+白噪声偏置)；$\boldsymbol{\varepsilon}=\boldsymbol{\varepsilon}_b+\boldsymbol{\omega}_g$ 为陀螺的漂移误差(零漂+白噪声漂移)。值得注意的是，这里的重力扰动矢量 $\delta\boldsymbol{g}^n=$

$[\delta g_E \quad \delta g_N \quad \delta g_U]^T$ 的数学模型是根据步骤 1 中的直接求差法和步骤 2 中的时间序列分析法共同获得的。

(2)Kalman 滤波系统状态方程。将重力扰动矢量 $\delta \boldsymbol{g}^n$ 考虑为待估量进行滤波系统状态增广，得到用于 Kalman 最优滤波估计的系统状态方程为

$$\dot{\boldsymbol{X}} = \boldsymbol{F} \cdot \boldsymbol{X} + \boldsymbol{G} \cdot \boldsymbol{\omega} \tag{3.17}$$

式(3.17) 中，$\boldsymbol{X}$ 为滤波器系统状态向量，包括位置误差 $\delta L, \delta\lambda, \delta h$，速度误差 $\delta V_E, \delta V_N, \delta V_U$，姿态误差 ψ_E, ψ_N, ψ_U，加速度计零偏 $\nabla_{bx}, \nabla_{by}, \nabla_{bz}$，陀螺零漂 $\varepsilon_{bx}, \varepsilon_{by}, \varepsilon_{bz}$ 和用来描述重力扰动的状态向量 $\delta \boldsymbol{d}$。$\boldsymbol{F}$ 为系统状态转移矩阵，具体形式为

$$\boldsymbol{F} = \begin{bmatrix} \boldsymbol{F}' & \boldsymbol{F}'' \\ \boldsymbol{O}_{*\times 15} & \boldsymbol{F}''' \end{bmatrix}, \qquad \boldsymbol{F}' = \begin{bmatrix} \boldsymbol{F}_1 & \boldsymbol{F}_2 \\ \boldsymbol{O}_{6\times 9} & \boldsymbol{O}_{6\times 6} \end{bmatrix}$$

$$\boldsymbol{F}_1 = \begin{bmatrix} \boldsymbol{F}_{11} & \boldsymbol{F}_{12} & \boldsymbol{O}_{3\times 3} \\ \boldsymbol{F}_{21} & \boldsymbol{F}_{22} & \boldsymbol{F}_{23} \\ \boldsymbol{F}_{31} & \boldsymbol{F}_{32} & \boldsymbol{F}_{33} \end{bmatrix}, \qquad \boldsymbol{F}_2 = \begin{bmatrix} \boldsymbol{O}_{3\times 3} & \boldsymbol{O}_{3\times 3} \\ \boldsymbol{C}_b^n & \boldsymbol{O}_{3\times 3} \\ \boldsymbol{O}_{3\times 3} & \boldsymbol{C}_b^n \end{bmatrix}$$

$$\boldsymbol{F}_{11} = \begin{bmatrix} 0 & 0 & -\dfrac{V_N}{(R_m+h)^2} \\ \dfrac{V_E \sec L \tan L}{R_n+h} & 0 & -\dfrac{V_E \sec L}{(R_n+h)^2} \\ 0 & 0 & 0 \end{bmatrix}$$

$$\boldsymbol{F}_{12} = \begin{bmatrix} 0 & \dfrac{1}{R_m+h} & 0 \\ \dfrac{\sec L}{R_n+h} & 0 & 0 \\ 0 & 0 & 1 \end{bmatrix}$$

$$\boldsymbol{F}_{21} = \begin{bmatrix} 2\omega_{ie}(\cos L V_N + \sin L V_U) + \dfrac{V_E V_N}{R_n+h}\sec^2 L & 0 & \dfrac{V_E(V_U - V_N \tan L)}{(R_n+h)^2} \\ -2\omega_{ie}\cos L V_E - \dfrac{V_E^2 \sec^2 L}{R_n+h} & 0 & \dfrac{V_E^2 \tan L + V_N V_U}{(R_n+h)^2} \\ -2\omega_{ie}\sin L V_E & 0 & \dfrac{V_E^2 + V_N^2}{(R_n+h)^2} \end{bmatrix}$$

$$
\boldsymbol{F}_{22}=\begin{bmatrix} \dfrac{V_{\mathrm{N}}\tan L-V_{\mathrm{U}}}{R_{\mathrm{m}}+h} & 2\omega_{\mathrm{ie}}\sin L+\dfrac{V_{\mathrm{E}}\tan L}{R_{\mathrm{n}}+h} & -2\omega_{\mathrm{ie}}\cos L-\dfrac{V_{\mathrm{E}}}{R_{\mathrm{n}}+h} \\ -2\left(\omega_{\mathrm{ie}}\sin L+\dfrac{V_{\mathrm{E}}\tan L}{R_{\mathrm{n}}+h}\right) & -\dfrac{V_{\mathrm{U}}}{R_{\mathrm{m}}+h} & -\dfrac{V_{\mathrm{N}}}{R_{\mathrm{m}}+h} \\ 2\omega_{\mathrm{ie}}\cos L+\dfrac{V_{\mathrm{E}}}{R_{\mathrm{n}}+h} & \dfrac{2V_{\mathrm{N}}}{R_{\mathrm{m}}+h} & 0 \end{bmatrix}
$$

$$
\boldsymbol{F}_{23}=\begin{bmatrix} 0 & -f_{\mathrm{U}} & f_{\mathrm{N}} \\ f_{\mathrm{U}} & 0 & -f_{\mathrm{E}} \\ -f_{\mathrm{N}} & f_{\mathrm{E}} & 0 \end{bmatrix}
$$

$$
\boldsymbol{F}_{31}=\begin{bmatrix} 0 & 0 & \dfrac{V_{\mathrm{N}}}{(R_{\mathrm{m}}+h)^2} \\ -\omega_{\mathrm{ie}}\sin L & 0 & -\dfrac{V_{\mathrm{E}}}{(R_{\mathrm{n}}+h)^2} \\ \omega_{\mathrm{ie}}\cos L+\dfrac{V_{\mathrm{E}}\sec^2 L}{R_{\mathrm{n}}+h} & 0 & -\dfrac{V_{\mathrm{E}}\tan L}{(R_{\mathrm{n}}+h)^2} \end{bmatrix}
$$

$$
\boldsymbol{F}_{32}=\begin{bmatrix} 0 & -\dfrac{1}{R_{\mathrm{m}}+h} & 0 \\ \dfrac{1}{R_{\mathrm{n}}+h} & 0 & 0 \\ \dfrac{\tan L}{R_{\mathrm{n}}+h} & 0 & 0 \end{bmatrix}
$$

$$
\boldsymbol{F}_{33}=\begin{bmatrix} 0 & \omega_{\mathrm{ie}}\sin L+\dfrac{V_{\mathrm{E}}\tan L}{R_{\mathrm{n}}+h} & -\omega_{\mathrm{ie}}\cos L-\dfrac{V_{\mathrm{E}}}{R_{\mathrm{n}}+h} \\ -\omega_{\mathrm{ie}}\sin L-\dfrac{V_{\mathrm{E}}}{R_{\mathrm{n}}+h} & 0 & -\dfrac{V_{\mathrm{N}}}{R_{\mathrm{m}}+h} \\ \omega_{\mathrm{ie}}\cos L+\dfrac{V_{\mathrm{E}}}{R_{\mathrm{n}}+h} & \dfrac{V_{\mathrm{N}}}{R_{\mathrm{m}}+h} & 0 \end{bmatrix}
$$

其中，f_{E}，f_{N} 和 f_{U} 为加速度计在 n 系下比力测量值 $\boldsymbol{f}^{\mathrm{n}}$ 的三个分量。$\boldsymbol{\omega}$ 为系统噪声向量，其分量均为零均值随机白噪声。$\boldsymbol{G}$ 为系统噪声分配矩阵，具体形式为

$$
\boldsymbol{G}=\begin{bmatrix} \boldsymbol{G}_1 & \boldsymbol{O}_{15\times *} \\ \boldsymbol{O}_{*\times 6} & \boldsymbol{G}_2 \end{bmatrix},\boldsymbol{G}_1=\begin{bmatrix} \boldsymbol{O}_{3\times 3} & \boldsymbol{O}_{3\times 3} \\ \boldsymbol{C}_{\mathrm{b}}^{\mathrm{n}} & \boldsymbol{O}_{3\times 3} \\ \boldsymbol{O}_{3\times 3} & \boldsymbol{C}_{\mathrm{b}}^{\mathrm{n}} \\ \boldsymbol{O}_{6\times 3} & \boldsymbol{O}_{6\times 3} \end{bmatrix}
$$

需要特别注意的是，$\delta \boldsymbol{d}$，$\boldsymbol{F}''$，$\boldsymbol{F}'''$，$\boldsymbol{O}_{*\times 15}$，$\boldsymbol{G}_2$，$\boldsymbol{O}_{15\times *}$，$\boldsymbol{O}_{*\times 6}$ 和 $\boldsymbol{\omega}$ 的维数和具体形式不固定，需根据之前获得的重力扰动模型来确定。

(3)Kalman 滤波量测方程。Kalman 最优滤波估计的量测方程的矩阵表达形式为

$$\boldsymbol{Z} = \boldsymbol{H} \cdot \boldsymbol{X} + \boldsymbol{v} \tag{3.18}$$

式(3.18)中，$\boldsymbol{Z}$ 为系统量测向量，由 SINS 输出的位置、速度和比力信息与 GPS 输出的位置、速度和加速度信息相减而得到，具体形式为

$$\boldsymbol{Z} = \begin{bmatrix} L_{\text{SINS}} - L_{\text{GPS}} \\ \lambda_{\text{SINS}} - \lambda_{\text{GPS}} \\ h_{\text{SINS}} - h_{\text{GPS}} \\ \boldsymbol{V}_{\text{SINS}}^{n} - \boldsymbol{V}_{\text{GPS}}^{n} \\ \boldsymbol{f}^{n} + \boldsymbol{g}_{m}^{\text{n}} - (2\boldsymbol{\omega}_{\text{ie}}^{\text{n}} + \boldsymbol{\omega}_{\text{en}}^{\text{n}}) \times \boldsymbol{V}_{\text{GPS}}^{\text{n}} - \dot{\boldsymbol{V}}_{\text{GPS}}^{\text{n}} \end{bmatrix}_{9\times 1}$$

$\boldsymbol{H}$ 为量测矩阵，具体形式为

$$\boldsymbol{H} = \left[\begin{array}{c|ccc|c} \boldsymbol{H}_1 & & \boldsymbol{O}_{6\times 9} & & \boldsymbol{H}_3 \\ \boldsymbol{O}_{3\times 6} & \boldsymbol{H}_2 & -\boldsymbol{C}_{\text{b}}^{\text{n}} & \boldsymbol{O}_{3\times 3} & \end{array}\right]$$

其中，$\boldsymbol{H}_1 = \begin{bmatrix} R_{\text{m}} & 0 & 0 & 0 & 0 & 0 \\ 0 & R_{\text{n}}\cos L & 0 & 0 & 0 & 0 \\ 0 & 0 & 1 & 0 & 0 & 0 \\ 0 & 0 & 0 & 1 & 0 & 0 \\ 0 & 0 & 0 & 0 & 1 & 0 \\ 0 & 0 & 0 & 0 & 0 & 1 \end{bmatrix}$，$\boldsymbol{H}_2 = \begin{bmatrix} 0 & f_{\text{U}} & -f_{\text{N}} \\ -f_{\text{U}} & 0 & f_{\text{E}} \\ f_{\text{N}} & -f_{\text{E}} & 0 \end{bmatrix}$，

$\boldsymbol{H}_3$ 的维数 和具体形式不固定，需根据之前获得的重力扰动模型来确定。

$\boldsymbol{v}$ 为 GPS 的纬度、经度、高度、东向速度、北向速度、天向速度、东向加速度、北向加速度和天向加速度的测量噪声向量，各分量均可看作零均值随机白噪声。

3.5　飞行实验及结果分析

为了验证提出的“直接求差＋模型”(DD－M)重力扰动补偿方法在 POS 实际应用中的有效性，进行了飞行实验。

3.5.1 实验硬件配置

飞行实验采用的硬件系统为北航研制的高精度激光 POS(TX - L20 - A2)和中国测绘研究院研制的可见光相机,实验载机为 A2C 水上超轻型飞机,如图 3 - 6～图 3 - 8 所示。其中,POS 中的 IMU 与可见光相机镜头底座刚性固连。北航激光 POS 的器件性能指标见表 3 - 2。

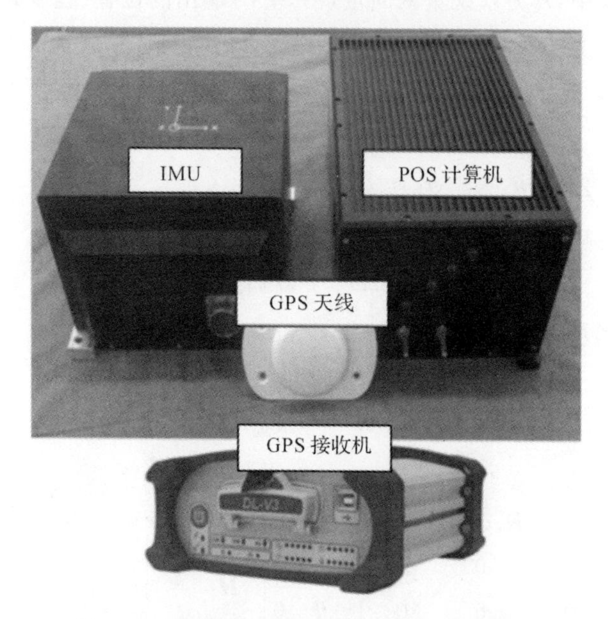

图 3 - 6　北航激光 POS(TX - L20 - A2 POS)

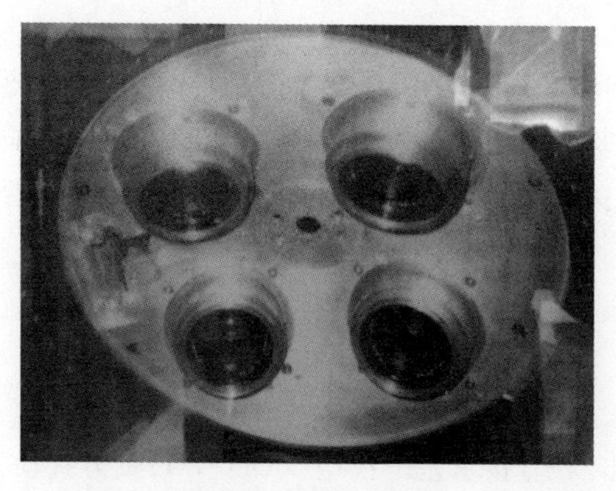

图 3 - 7　可见光相机

图 3-8　A2C 超轻型飞机

表 3-2　激光 POS(TX-L20-A2 POS)器件性能指标

传感器	参　数	精度指标
IMU	输出频率	100 Hz
	陀螺零漂重复性	$<0.01°/\mathrm{h}$ (1σ)
	陀螺零漂稳定性	$<0.01°/\mathrm{h}$ (1σ)
	加速度计零偏重复性	$<5\times10^{-5}g$ (1σ)
	加速度计零偏稳定性	$<5\times10^{-5}g$ (1σ)
DGPS	输出频率	10 Hz
	位置测量精度	0.1 m(RMS)
	速度测量精度	0.03 m/s(RMS)

3.5.2　实验方案设计

整个飞行实验耗时 2 h，飞行轨迹如图 3-9 所示。在地面共设立了 24 个控制点，控制点平面定位精度优于±3 cm，高程精度优于±2 cm，具体航摄实验参数见表 3－3。

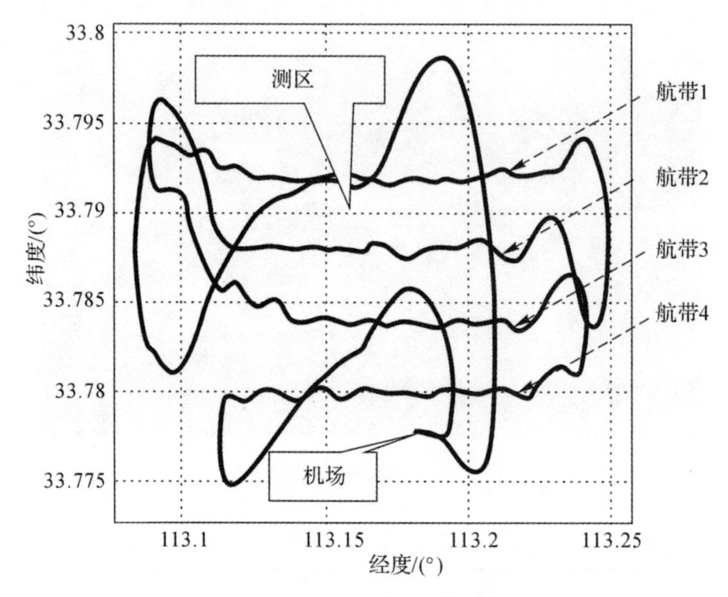

图 3－9　飞行实验平面轨迹

表 3－3　航摄实验参数表

航摄参数	指　标	航摄参数	指　标
相对航高	500 m	航向重叠	65％
像对方式	窄像对	旁向重叠	45％
地面控制方式	地面控制点	航带数	4
地面分辨率	7 cm	航线方向	东西

3.5.3　实验数据处理流程及结果分析

根据飞行实验的 POS 测量数据，采用直接求差法求取有限精度的重力扰动序列 $\{\delta g_{\mathrm{E}}(t)\}$，$\{\delta g_{\mathrm{N}}(t)\}$ 和 $\{\delta g_{\mathrm{U}}(t)\}$，结果如图 3－10 所示。

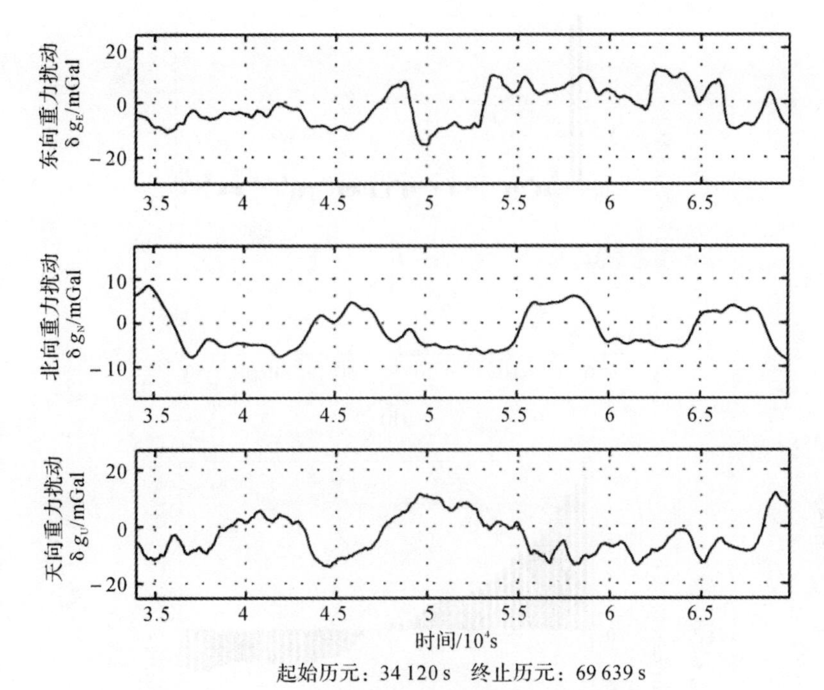

图 3-10　直接求差法计算的重力扰动值

基于直接求差法得到的重力扰动序列$\{\delta g_E\}$,$\{\delta g_N\}$和$\{\delta g_U\}$,采用时间序列分析法进行重力扰动建模。对重力扰动序列数据进行差分平稳化处理后,求取其自相关函数和偏相关函数,如图 3-11 所示。

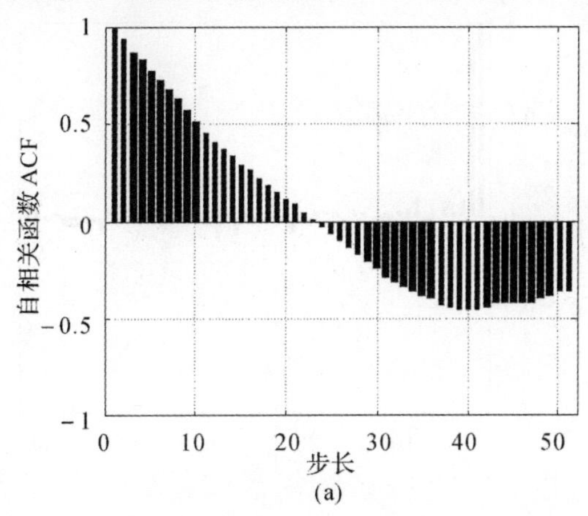

图 3-11　重力扰动序列的自相关函数和偏相关函数

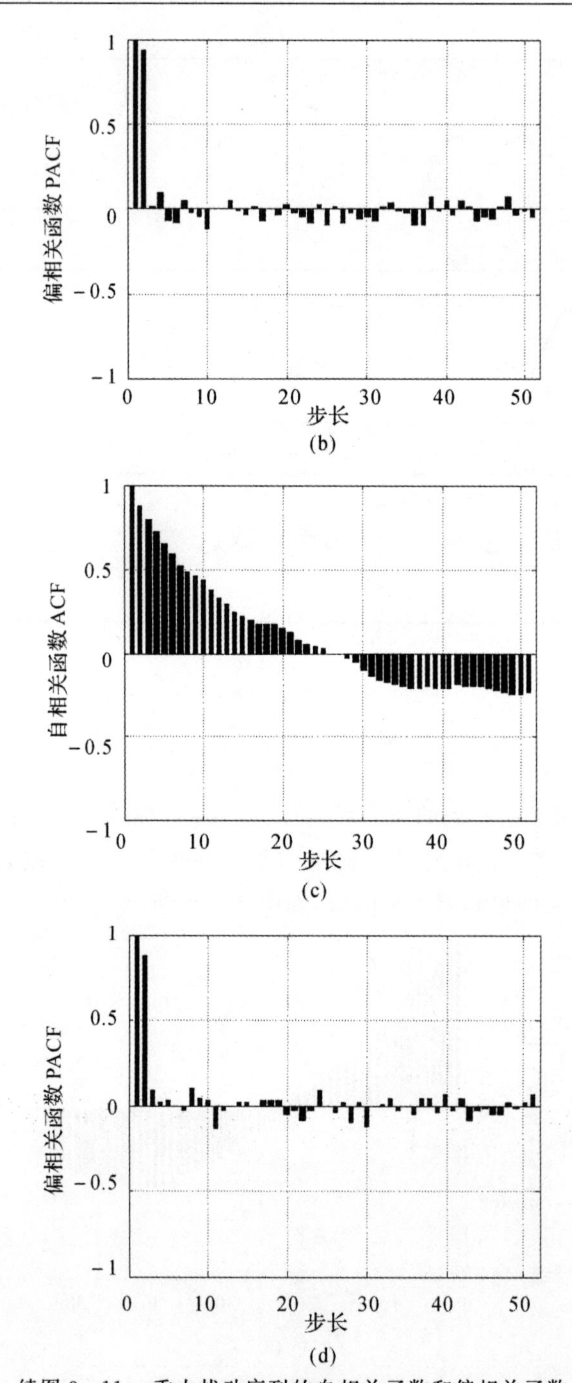

续图 3-11　重力扰动序列的自相关函数和偏相关函数

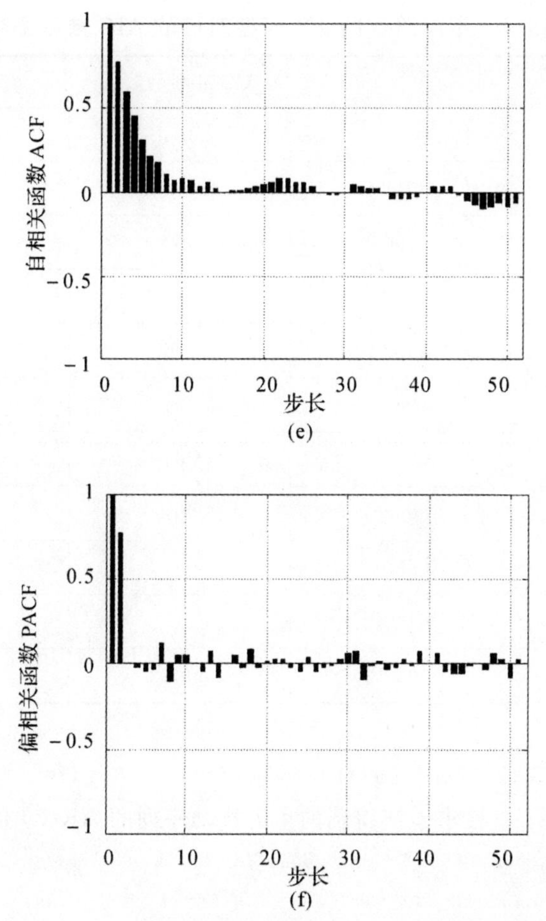

续图 3-11　重力扰动序列的自相关函数和偏相关函数

(a)δg_E 的自相关函数；(b)δg_E 的偏相关函数；(c)δg_N 的自相关函数；

(d)δg_N 的偏相关函数；(e)δg_U 的自相关函数；(f)δg_U 的偏相关函数

由图 3-11 可以看出，重力扰动序列$\{\delta g_E(t)\}$，$\{\delta g_N(t)\}$ 和$\{\delta g_U(t)\}$ 的自相关函数呈现明显的拖尾性，偏相关函数呈现明显的截尾性且三步以后的偏相关函数值陡降收敛。根据表 3-1 的规则可以判断出基于直接求差法得到的精度有限的重力扰动序列符合 AR 模型，进一步根据 AIC 准则可得重力扰动序列的 AR 模型阶数为 3，即 AR(3)模型对应的 AIC 准则函数值取为最小。对于不同阶次的 AR 模型对应的 AIC 准则函数值见表 3-4。

表 3-4 不同阶次的 AR 模型对应的 AIC 准则函数值

模 型	AIC 准则函数值		
	δg_E	δg_N	δg_U
AR(1)	4.011 1	5.969 1	7.294 3
AR(2)	3.936 4	5.960 9	7.297 8
AR(3)	3.928 5	5.934 4	7.286 8
AR(4)	3.952 2	5.996 5	7.308 5
AR(5)	3.965 2	5.994 5	7.301 8
AR(6)	3.949 9	5.981 5	7.299 1
AR(7)	3.958 5	6.031 0	7.305 5
AR(8)	3.989 2	6.064 8	7.304 8
AR(9)	4.160 3	6.110 1	7.301 4
AR(10)	4.157 2	6.005 9	7.322 2

再根据式(3.12)求出 $\{\delta g_E(t)\}$，$\{\delta g_N(t)\}$ 和 $\{\delta g_U(t)\}$ 的自回归系数的估计值，最终基于直接求差法得到的重力扰动序列的 AR(3) 模型为

$$\left.\begin{aligned}\delta g_E(t) &= -0.916\,8\delta g_E(t-1)+0.075\,8\delta g_E(t-2)-0.099\,1\delta g_E(t-3)+\omega_{\delta g_E}(t)\\ \delta g_N(t) &= -0.806\,1\delta g_N(t-1)-0.072\,5-\delta g_N(t-2)-0.010\,2\delta g_N(t-3)+\omega_{\delta g_N}(t)\\ \delta g_U(t) &= -0.771\,8\delta g_U(t-1)-0.018\,3\delta g_U(t-2)-0.025\,6\delta g_U(t-3)+\omega_{\delta g_U}(t)\end{aligned}\right\} \tag{3.19}$$

式(3.19)中，$\omega_{\delta gE}(t)$，$\omega_{\delta gN}(t)$ 和 $\omega_{\delta gU}(t)$ 是均值为 0，方差分别为 2.023 1E−005，1.104 3E−005 和 2.588 5E−005 的白噪声。

然后，将建立的重力扰动 AR(3)模型加入到 Kalman 滤波系统状态方程中，估计出最优的重力扰动值，并进行重力扰动的反馈补偿，通过 SINS/GPS 组合滤波直接得到 POS 的位置和姿态信息。另外，可以利用地面控制点(见图 3-12)通过空中三角分析法得到每张航摄照片的 6 个外方位元素(3 个线元素和 3 个角元素)，再通过坐标系转换(大地高斯坐标系→地理坐标系)及相机与 POS 的系统安置误差检校与补偿，间接求得 POS 的位置和姿态信息。以空三结果为基准，将两次得到的 POS 位置和姿态角信息作差，最终进行

POS 位置和姿态精度的统计分析。POS 的位置和姿态精度检校流程如图 3－13 所示。

图 3－12　地面控制点

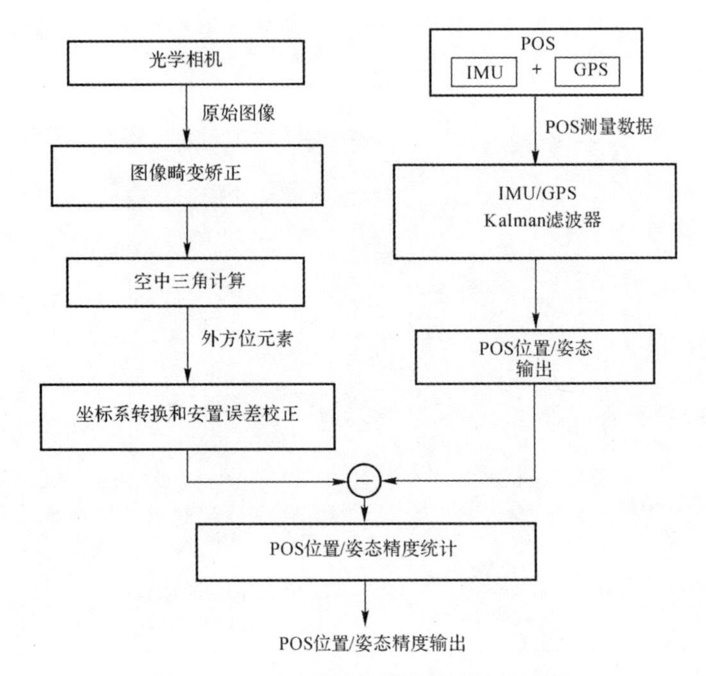

图 3－13　POS 位置和姿态精度检校流程

为了验证提出的 DD－M 重力扰动补偿方法的有效性，将①无重力扰动补偿情况，即仅采用正常重力模型(WGS84)计算重力矢量；②基于直接求差法的重力扰动补偿情况；③基于 DD－M 法的重力扰动补偿情况下的 POS 位置和姿态精度进行对比分析，结果见图 3－14～图 3－19。

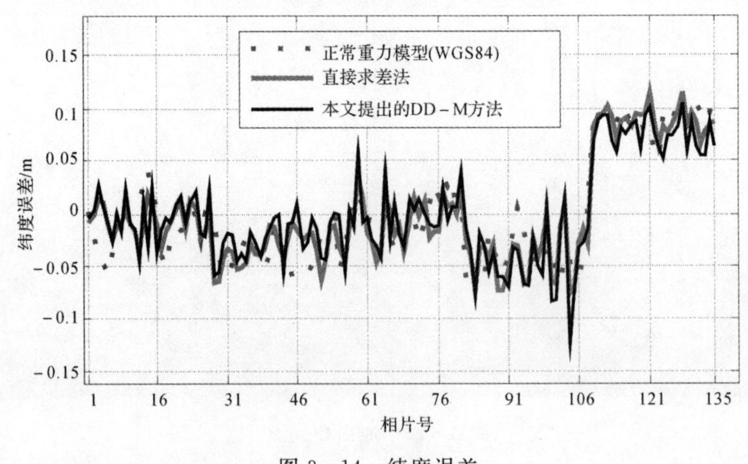

图 3－14　纬度误差

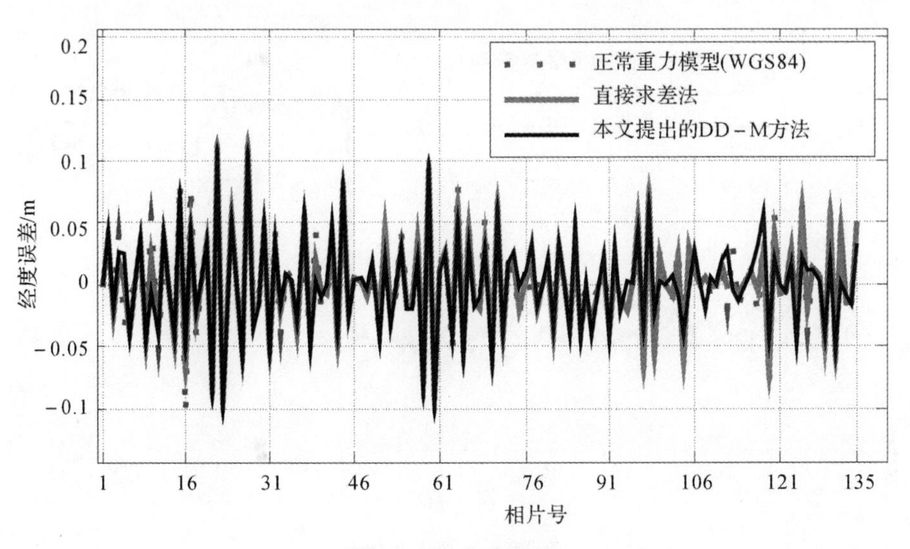

图 3-15　经度误差

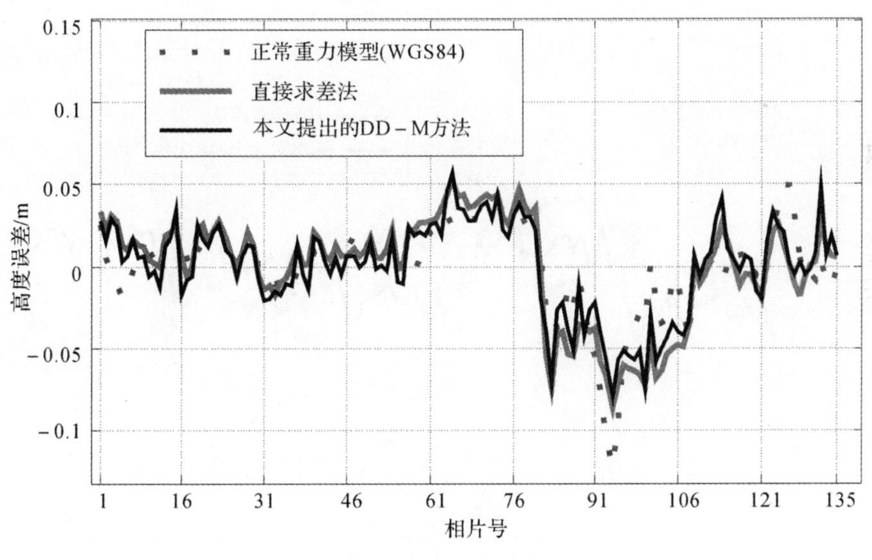

图 3-16　高度误差

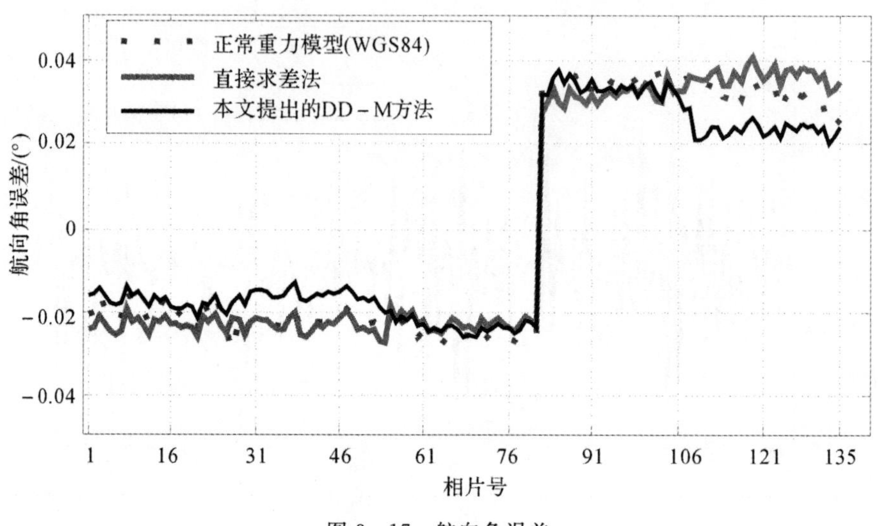

图 3－17　航向角误差

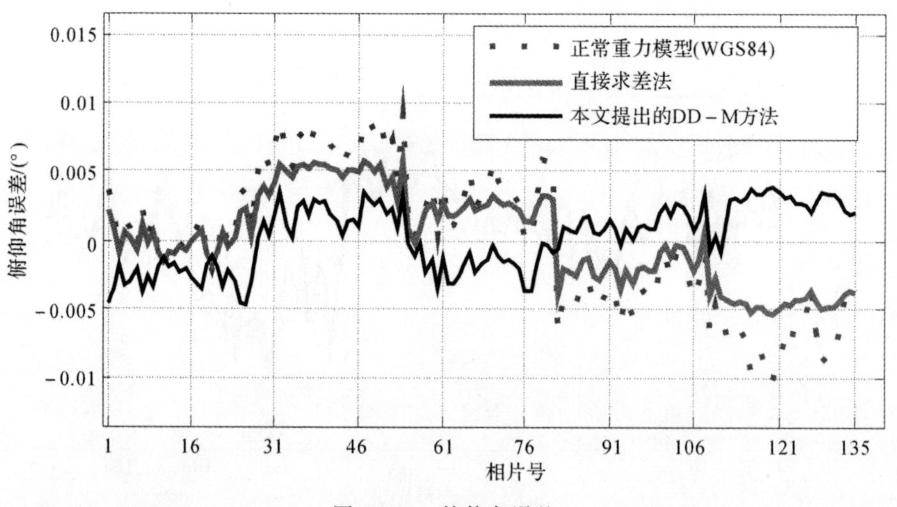

图 3－18　俯仰角误差

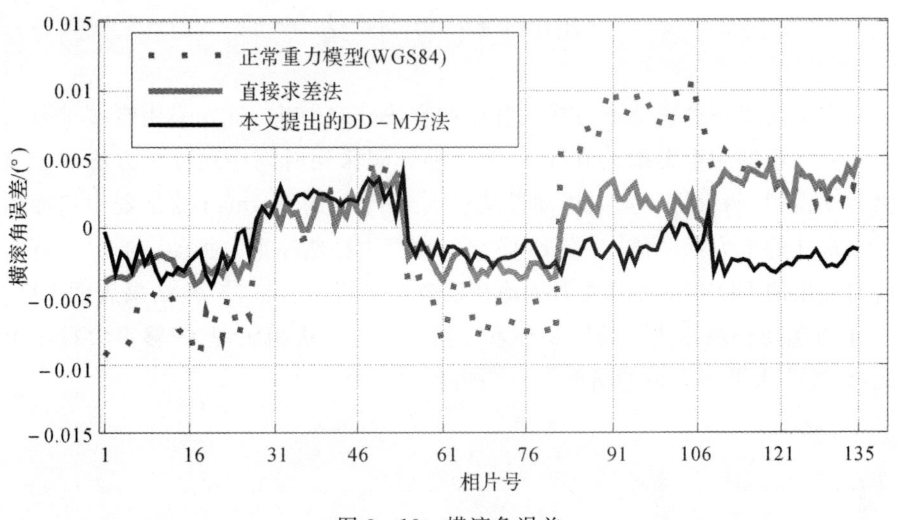

图 3-19　横滚角误差

由图 3-14～图 3-19 可以看出，基于上述三种重力补偿方法(①正常重力模型—— WGS84；②直接求差法重力补偿；③提出的 DD-M 重力补偿)情况下 POS 的位置精度和航向角精度无明显差异。与之形成鲜明对比的是，基于提出的 DD-M 重力扰动补偿方法情况下，POS 的俯仰角和横滚角精度明显高于其他两种重力补偿方法。通过对 POS 的精度统计分析可以定量地得出，基于上述三种重力补偿方法情况下 POS 位置精度的差异在 0.01 m(cm 级)以下；航向角精度十分接近，均接近于 0.029°。但是基于提出的 DD-M 重力扰动补偿方法情况下，POS 俯仰角较其他两种重力补偿方法(①和②)有 7.56″和 5.76″的精度提升；POS 横滚角较其他两种重力补偿方法(①和②)有 10.08″和 4.32″的精度提升。以上得到的实验结果与理论分析是相符合的：GPS 作为 POS 的量测更新信息对 POS 的定位误差进行周期性地纠正，故 POS 的位置精度受重力扰动的影响不明显；另外，众所周知 POS 航向角的精度主要受陀螺漂移误差的影响，而水平姿态角(俯仰角和横滚角)的精度主要取决于加速度计偏置误差的大小。在 POS 导航计算中，对当地的重力扰动进行精确补偿后，相当于减小了加速度计的偏置误差，从而提高了 POS 的水平姿态角的精度。

3.6 本章小结

本章提出一种精确重力扰动补偿的方法(DD-M),首先采用直接求差法获得有限精度的重力扰动值,以此为先验知识采用时间序列分析方法建立重力扰动模型,然后将此重力扰动模型引入至POS的Kalman滤波器中从而估计出最佳的重力扰动值,并在POS导航计算中补偿掉重力扰动。通过飞行实验对提出的DD-M法的重力扰动补偿效果进行了验证,实验结果表明DD-M重力扰动补偿方法与其他2种重力扰动补偿方法相比,其能够很大程度上提高POS水平姿态角的精度。

第 4 章 长时间 GPS 信号失锁时 POS 组合定姿定位方法

4.1 引　　言

在第 1 章中曾经介绍过，POS 的主要组成部分为 SINS 和 GPS，通常采用 Kalman 滤波器对 SINS 信息和 GPS 信息进行数据融合处理。GPS 具有长期精度稳定的特点，故被用于更新校正 SINS 的随时间累积误差。然而当车辆行驶于高楼林立的街道、绿荫道、高速隧道、立交桥时，当飞机做大机动飞行因机翼摇摆而遮挡 GPS 天线或者进入强电磁干扰区域时（见图 4-1），由于 GPS 接收天线受遮挡或信号受干扰，GPS 信号容易丢失（称为 GPS 失锁），导致 SINS 的误差无法得到 GPS 信息校正，并随时间不断累积发散，严重影响 POS 的测量精度。

近几年来，国内外对 GPS 失锁问题的研究大部分集中在神经网络方面。文献[109-114]均提出了基于各种神经网络对 GPS 失锁期间的 SINS 误差进行预测的方法，其研究对象和目标主要是针对低精度 SINS 在短时间 GPS 失锁情况下对其的性能改进。这些方法的研究思路主要是在 GPS 失锁期间，采用各种神经网络完全取代 Kalman 滤波器直接对 SINS 的误差进行预测。这样的做法会降低高精度惯性器件 POS 的测量精度，尤其是在长时间 GPS 失锁的情况下。

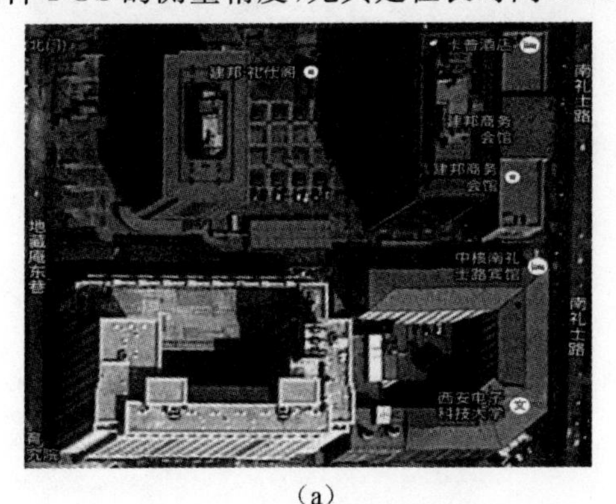

(a)

图 4-1　GPS 失锁环境

(b)

(c)

(d)

续图 4-1　GPS 失锁环境

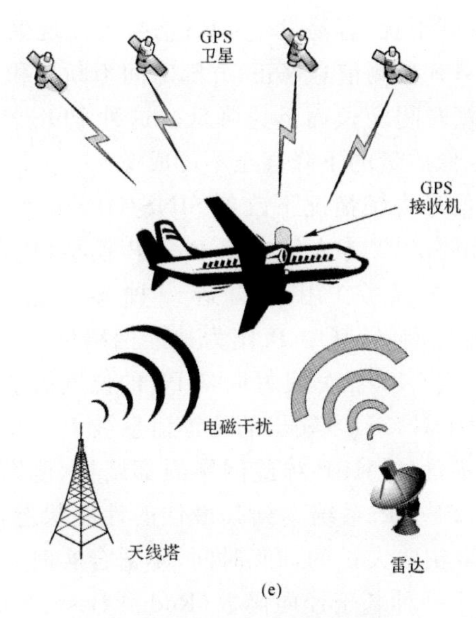

续图 4-1　GPS 失锁环境
(a)两旁高楼的街道；(b)绿荫道；
(c)高速隧道；(d)立交桥；(e)机翼遮挡和强电磁干扰环境

为了保持高精度惯性器件 POS 在长时间 GPS 失锁期间的性能，提出一种解决长时 GPS 失锁的基于 RBF 神经网络和时间序列分析的混合预测方法，这种方法通过预测 GPS 量测信息进而辅助 Kalman 滤波器的 SINS/GPS 数据融合，而不是取代 Kalman 滤波器。最后以高精度 POS 为研究对象进行飞行试验，并在实验数据中人为引入不同时间长度的 GPS 失锁，验证这种方法处理 GPS 失锁的性能。

4.2　GPS 信号失锁情况下的 POS 组合定姿定位方法研究现状

SINS 作为 POS 的主要组成部分之一，具有完全自主性、抗干扰性、短时高精度和输出频率高等优点，但其测量误差会随时间积累增长。POS 的另一主要组成部分 GPS 具有长时精度稳定性，其测量误差不随时间发散，但是 GPS 信号易受外界环境干扰，输出频率低。POS 根据 SINS 和 GPS 的性能特点，将 SINS 数据和 GPS 数据进行融合处理，使得二者之间优势互补。

然而，当飞机做大机动飞行或进入强电磁干扰区域，或者车辆驶入隧道时，GPS 卫星信号受到干扰，容易发生 GPS 信号失锁现象，此时 SINS 误差由于无法得到有效的 GPS 量测信息修正，并随时间不断累积，这将导致 POS 的测量精度随 GPS 失锁时间增长而迅速降低。这种 POS 性能下降的状况，对于航空遥感将导致成像质量的下降甚至不可成像。

国外对于 GPS 信号失锁情况下改善 SINS/GPS 的性能方面做了大量研究工作。2003 年，Chiang[109] 等人提出了 $\boldsymbol{P}-\delta\boldsymbol{P}$ 模型（$\boldsymbol{P}$ 表示 SINS 的位置，$\delta\boldsymbol{P}$ 表示 SINS 的位置误差）用于构造一种多层感知（Multi - Layer Perceptron，MLP）神经网络，其中 $\boldsymbol{P}$ 作为神经网络的输入量，$\delta\boldsymbol{P}$ 作为 MLP 神经网络的输出量。当 GPS 信号良好时，GPS 的位置信息被用来更新 $\boldsymbol{P}-\delta\boldsymbol{P}$ 系统；当 GPS 失锁发生时，SINS 输出的位置信息被 $\boldsymbol{P}-\delta\boldsymbol{P}$ 系统的输出量 $\delta\boldsymbol{P}$ 修正。然而，要选取最优的 MLP 神经网络内部结构（隐藏层的数目、每层神经元的数目等）以使 $\boldsymbol{P}-\delta\boldsymbol{P}$ 系统达到其最佳的性能状态，这是相当困难的。另外，MLP 神经网络花费大量的训练时间，不适合实时导航应用。2005 年，Sharaf 等人[110]提出了一种基于径向函数（Radial Basis Function，RBF）神经网络的 SINS/GPS 数据融合方法，在 GPS 信号良好时利用 SINS 输出与 GPS 输出训练 RBF 神经网络模块，在 GPS 失锁时通过 RBF 神经网络模块预测 SINS 位置误差。2006 年，Wendel 等人[115]提出了一种 GPS 信号中断时提高 SINS/GPS 系统组合精度的方法，该方法具体为，当 GPS 失锁时，假定三个加速度计输出和为当地重力矢量，且载体无运动加速度，量测方程为加速度计的输出，从而辅助 SINS 校正其定位误差。但是对于载体高动态运行的情况该方法的效果不好，有一定程度的适用局限性。同年，Lorinda[111] 等人对 Chiang[109] 的基于 $\boldsymbol{P}-\delta\boldsymbol{P}$ 模型的神经网络结构进行了改进，用 RBF 神经网络替代了 MLP 神经网络。采用 RBF 神经网络可以动态地生成隐含层的神经元数目以达到网络系统的最佳性能。同时 RBF 神经网络还具有训练速度快和精度高的优势。Lorinda 等人在文献[111]中提出了一种基于智能分段的前向预测系统，其采用 RBF 神经网络预测 GPS 失锁时 SINS 的位置误差和速度误差。然而 Lorinda 等人仅仅对位置精度进行了验证，没有考虑速度精度和姿态精度。此外，该方法为了满足实时应用的需要将训练数据进行分段，而最优的分段长度又取决于 SINS 的型号和 GPS 失锁时间的长度，因此在实时应用中获取最优的分段长度十分困难。2007 年，Abdel - Hamid[112] 等人在 GPS 信号失锁时，提出了一种自适应神经模糊推理卡尔曼滤波方法，对 SINS 的位置误差进行准确估计。同年，Godha[116] 等人提出了两种方法用于在 GPS 失锁时提高 SINS/GPS 组合系统的性能。方法一适合于实时应用，采用虚拟量测信息来约束 SINS 位置误差和速度误差的发散。但是这种方法有一个前提假设，即运动载体在运行过程中没有出现侧滑现象和腾空现象（即始终保持与地面接触），因此这种方法仅适用于陆地导航应用中。另一种方法适用于事后离线处理的情况，其采用 Rauch - Tung - Striebel (RTS)平滑器对 SINS 误差在 GPS 失锁期间的随时间累积进行约束。但是这种基于 RTS 平滑的事后处理方法对长时间 GPS 失锁情况不适用。2011 年，Hasan[113-114] 等人提出了一类基于自适应神经网络—模糊推理系统的算法，并应用于微机械电子学系统（Micro - Electro - Mechanical System，MEMS）级 SINS/GPS 组合系统。这种基于 ANFIS 的智能 SINS/GPS 组合导航系统通过对 SINS 的位置误差和速度误差进行预测，解决了由 GPS 失锁带来的问题。这种方法的主要不足是在长时间 GPS 失锁的情况下，SINS 位置误差和速度误差的预测精度不高。在实场试验中，在 GPS 失锁时间超过 100 s 后，ANFIS 的预测性能大幅下降。此外，Hasan 等人没有对基于 ANFIS 的 SINS/GPS 组合系统在 GPS 失锁期间的姿态精度进行评价。

近几年来国内对 GPS 失锁问题的相关研究也取得了一些成果。2008 年，何晓峰[117] 等人针对 GPS 卫星信号失锁条件下 SINS/GPS 组合导航性能大幅度下降的缺点，提出了一种基于自适应神经模糊推理系统的紧组合方法，在 GPS 信号失锁时通过训练好的神经网络估计 SINS 误差。2009 年，曹娟娟、房建成[118] 提出了一种基于神经网络预测的 MEMS - SINS 误差反馈校正方法，以陀螺和加速度计的测量信息为神经网络的输入，SINS 误差为神经网络的输出。当 GPS 信号中断时，利用训练好的神经网络估计 SINS 误差。2010 年，吴富梅[119] 等人针对 GPS 信号受外界干扰而失锁时 SINS 单独导航误差迅速累积的问题，在利用速度先验信息辅助 SINS 导航的基础上，加入里程计（Odometer）观测信息，提高了系统的可观测性和导航精度；同时提出了改进的位置修正法，即不直接利用状态估值修正位置，而是用修正后的速度推算位置。2012 年，王松[120] 等人提出了一种新的 GPS/MEMS 微惯性器件组合方法，并根据组合结构的需求，设计了基于载体机动模型和卡尔曼滤波器的 GPS 信息滤波算法来获取由于载体轨迹机动引起的加速度，从而对基于 MEMS 微惯性器件的姿态测量算法进行载体机动性补偿，得到的姿态信息对 GPS 信号失锁不敏感，避免了传统 GPS/SINS 组合方式在无 GPS 辅助时由于 MEMS 器件精度低而导致的姿态误差快速、无限增长的问题，而且运算量小，适合在微小型系统上实现。目前国内的 GPS 失锁问题的研究主要针对短时间失锁的情况，本章将对长时间 GPS 信号失锁情况下的 POS 组合定姿定位方法进行研究。

4.3 问题分析

前面曾经多次提到，在 POS 组合定姿定位解算中 Kalman 滤波器常被用来进行 SINS 数据和 GPS 数据的融合处理。SINS 受到惯性器件误差累积影响，其测量精度随时间增长逐渐变差，故 GPS 作为 Kalman 滤波器的量测信息用于修正 SINS 误差。Kalman 滤波算法的核心思想[121]可表述为

$$\hat{\boldsymbol{X}}_{k|k-1} = \boldsymbol{F}_{k,k-1} \cdot \hat{\boldsymbol{X}}_{k-1} \tag{4.1}$$

$$\hat{\boldsymbol{X}}_{k} = \hat{\boldsymbol{X}}_{k|k-1} + \boldsymbol{K}_{k}(\boldsymbol{Z}_{k} - \boldsymbol{H}_{k} \cdot \hat{\boldsymbol{X}}_{k|k-1}) \tag{4.2}$$

其中，$\hat{\boldsymbol{X}}_{k|k-1}$ 为基于 k 时刻之前所有量测信息的滤波系统状态矢量的一步预测；$\hat{\boldsymbol{X}}_{k}$ 为基于 k 时刻及其之前所有量测信息的滤波系统状态矢量的后验估计；$\boldsymbol{F}_{k,k-1}$ 为 $k-1$ 时刻到 k 时刻的系统状态转移矩阵（由系统误差模型推导而得）；$\boldsymbol{K}_{k}$ 为 k 时刻的 Kalman 滤波增益矩阵；$\boldsymbol{Z}_{k}$ 为 k 时刻的量测矢量（SINS 和 GPS 的位置 / 速度信息作差而得）；$\boldsymbol{H}_{k}$ 为 k 时刻的量测转换矩阵。

当 k 时刻发生 GPS 失锁时，意味着 Kalman 滤波的量测信息（$\boldsymbol{Z}_{k}$）无法获得，对 $\hat{\boldsymbol{X}}_{k}$ 的估计仅仅取决于 k 时刻之前的量测信息和系统误差模型，其值与 $\hat{\boldsymbol{X}}_{k|k-1}$ 相等。在 GPS 失锁期间，由于新的 GPS 量测无法获得，导致 SINS 误差不能得到有效校正并随时间不断积累，其示意图如图 4－2 所示。

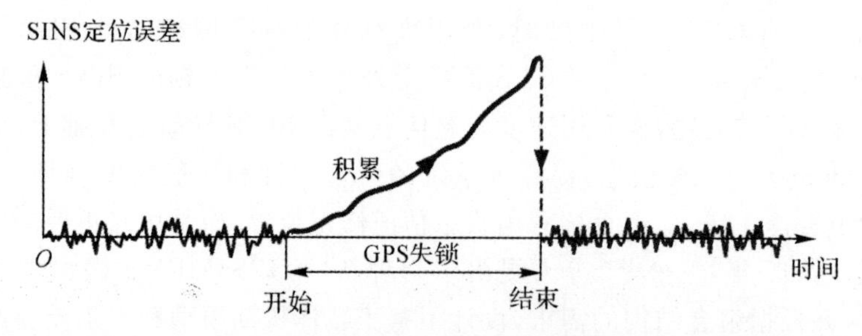

图 4－2　GPS 失锁导致 SINS 误差积累

为了解决 GPS 失锁问题，目前常见的解决办法是在 SINS/GPS 数据融合处理中采用神经网络取代 Kalman 滤波器。文献[109－114]中的大部分神经网络在 GPS 信号良好时，将 SINS 的位置和速度信息作为输入量，而将 SINS 的位置误差和速度误差信息视为其输出量，并将 GPS 的位置和速度信息用于

神经网络内部结构参数的训练。当 GPS 失锁发生时，训练好的神经网络仅依据 SINS 的位置和速度作为输入量，预测出 SINS 的位置误差量和速度误差量。然而，这种采用神经网络取代 Kalman 滤波器的方法在高精度惯性器件的 POS 应用中有一个较大的不足。众所周知，神经网络适用于处理大量原始数据而内部机理规律不明确，不能用一组规则或方程等数学模型进行描述的较为复杂的系统。但是神经网络的状态估计是通过样本的学习来完成的，因此难以适用于精度要求很高的系统。如果在 SINS/GPS 的数据融合处理中用神经网络完全取代 Kalman 滤波器，那么通过对 SINS 误差分析得到的滤波系统误差模型即被忽略。这意味着在 SINS/GPS 的数据融合处理中损失了先验知识，系统精度将受到影响，尤其是对于高精度惯性器件 POS 在长时间 GPS 失锁的情况下。因此，本书的研究不是采用神经网络替代 Kalman 滤波器方法，而是提出一种量测信息($\boldsymbol{Z}_k$)的预测方法用于 GPS 信号失锁时辅助 Kalman 滤波器。

4.4　量测信息($\boldsymbol{Z}_k$)的混合预测方法

在 POS 的 SINS/GPS 数据融合处理中，量测信息($\boldsymbol{Z}_k$)是由各时刻 SINS 和 GPS 的位置/速度信息之差所组成的，可看作是时间序列数据。要对时间序列数据进行预测，常用的方法有时间序列方法[122-123]、神经网络方法[124-125]、灰色理论法[126]、专家系统方法[127]等。每种方法都有其研究特点和应用条件，其中时间序列方法可以很好地描述时间序列数据的随机特性，但是该方法用线性模型表达数据序列之间非线性关系有一定局限性；然而神经网络方法则具有能够描述过程高度非线性的特点，但是神经网络无法对随机变化成分进行很好的处理。由于量测信息($\boldsymbol{Z}_k$)同时具有非线性和随机性的特点，因此单一预测方法难以同时描述这两类复杂的、不同的变化特性。针对已有方法的不足，采用一种神经网络和时间序列的组合预测方法，先利用 RBF 神经网络的非线性映射能力及学习推理能力，完成对量测信息($\boldsymbol{Z}_k$)的基本分量的预测工作，再利用时间序列分析的 AR 模型，对经神经网络预测后的残差序列(随机分量，$\delta\boldsymbol{Z}_k$)进行建模，最后将这两类方法的预测结果运用叠加原理得到较为精确的量测信息预测值 $\hat{\boldsymbol{Z}}_k$。在 GPS 失锁期间，将此预测结果 $\hat{\boldsymbol{Z}}_k$ 作为 KF 的量测更新信息，消除了 SINS 误差的随时间累积，从而保证了 POS 的测量精度。

4.4.1 RBF 神经网络预测 Z_k 的基本分量

目前常见的神经网络模型包括有 BP 神经网络、RBF 神经网络、自组织映射神经网络和自适应谐振理论神经网络等[128-130]。在上述神经网络模型中，RBF 神经网络被广泛地使用于预测应用中，归因于其相比于其他神经网络有以下优点[131]：

(1)RBF 神经网络易于设计；

(2)RBF 神经网络训练学习速度较快；

(3)RBF 神经网络避免了陷入局部最小的问题。

典型的 RBF 神经网络是由输入层、隐层和输出层构成的三层前向网络。第一层为输入层，该层节点为外部信号输入到神经网络的接口，并传递输入信号到第二层(隐层)。隐层采用径向基函数作为激励函数，在输入空间和隐藏空间之间建立一个非线性的变换关系。在众多的径向基函数之中，通常选择高斯基函数用作 RBF 神经网络的激励函数，具体形式为

$$R_j(\boldsymbol{I},\boldsymbol{\mu}_j)=\mathrm{e}^{-\frac{\|\boldsymbol{I}-\boldsymbol{\mu}_j\|^2}{2d_j^2}} \tag{4.3}$$

式(4.3) 中，$\boldsymbol{I}$ 为输入矢量；$\boldsymbol{\mu}_j$ 为高斯基函数 $R_j(\boldsymbol{I},\boldsymbol{\mu}_j)$ 的感知区域中心；d_j 为高斯基函数 $R_j(\boldsymbol{I},\boldsymbol{\mu}_j)$ 的感知区域宽度；$\|\boldsymbol{I}-\boldsymbol{\mu}_j\|$ 表示输入矢量 $\boldsymbol{I}$ 和感知区域中心 $\boldsymbol{\mu}_j$ 之间的欧几里得距离，其决定了隐藏层的输出。

第三层为输出层，其输入为各隐层神经元输出的加权求和，激励函数为纯线性函数，在隐藏空间与输出空间之间建立了一个线性变换关系。这一层的输出矢量 $\boldsymbol{O}$ 的具体形式为

$$O_i=\sum_j W_{ij}\cdot R_j(\boldsymbol{I},\boldsymbol{\mu}_j) \tag{4.4}$$

式(4.4) 中，W_{ij} 为输出层的权重系数。

如图 4-3 所示，RBF 神经网络完成了 m 维输入空间到 n 维输出空间的映射，其间还包含了 k 维的隐藏空间。整个 RBF 神经网络中，一共有 3 个参数需要训练学习，分别为隐藏层的感知区域中心 $\boldsymbol{\mu}_j$、隐藏层的感知区域宽度 d_j 和输出层的权重系数 W_{ij}。采用的 RBF 神经网络的参数训练方法是自组织选取中心法[130]。这种方法由两个阶段组成：一是自组织学习阶段，仅仅基于输入数据采用 k 均值聚类算法对隐层基函数的感知区域中心 $\boldsymbol{\mu}_j$ 与感知区域宽度 d_j 进行训练学习；二是有监督学习阶段，基于历史样本训练数据对输出层的权重系数 W_{ij} 进行训练学习。

POS 的量测信息矢量 $\boldsymbol{Z}_k$ 的具体构成形式为

$$\begin{bmatrix} \boldsymbol{P}_{\text{ins}} - \boldsymbol{P}_{\text{gps}} \\ \boldsymbol{V}_{\text{ins}} - \boldsymbol{V}_{\text{gps}} \end{bmatrix} \tag{4.5}$$

将式(4.5) 改写为

$$\boldsymbol{Z}_k = \begin{bmatrix} (\boldsymbol{P} + \delta\boldsymbol{P}_{\text{ins}}) - (\boldsymbol{P} + \delta\boldsymbol{P}_{\text{gps}}) \\ (\boldsymbol{V} + \delta V_{\text{ins}}) - (\boldsymbol{V} + \delta V_{\text{gps}}) \end{bmatrix} = \begin{bmatrix} \delta\boldsymbol{P}_{\text{ins}} - \delta\boldsymbol{P}_{\text{gps}} \\ \delta\boldsymbol{V}_{\text{ins}} - \delta\boldsymbol{V}_{\text{gps}} \end{bmatrix} \tag{4.6}$$

式(4.5) 和式(4.6) 中，$\boldsymbol{P}_{\text{ins}}$ 和 $\boldsymbol{V}_{\text{ins}}$ 表示 SINS 的位置信息和速度信息；$\boldsymbol{P}_{\text{gps}}$ 和 $\boldsymbol{V}_{\text{gps}}$ 表示 GPS 的位置信息和速度信息；$\boldsymbol{P}$ 和 $\boldsymbol{V}$ 表示真实的位置信息和速度信息；$\delta\boldsymbol{P}_{\text{ins}}$ 和 $\delta\boldsymbol{V}_{\text{ins}}$ 表示 SINS 的位置误差和速度误差；$\delta\boldsymbol{P}_{\text{gps}}$ 和 $\delta\boldsymbol{V}_{\text{gps}}$ 表示 GPS 的位置误差和速度误差。

由式(4.6) 可以看出，$\delta\boldsymbol{P}_{\text{ins}}$ 和 $\delta\boldsymbol{V}_{\text{ins}}$ 是量测信息 $\boldsymbol{Z}_k$ 的主要组成部分，又因为惯性器件误差是 $\delta\boldsymbol{P}_{\text{ins}}$ 和 $\delta\boldsymbol{V}_{\text{ins}}$ 的主要误差源，因此 RBF 神经网络用陀螺和加速度计的输出(角速度和比力) 作为输入信息，而 RBF 神经网络的输出就是对量测信息基本分量的预测，记为 $\hat{\boldsymbol{Z}}_k$_RBF。

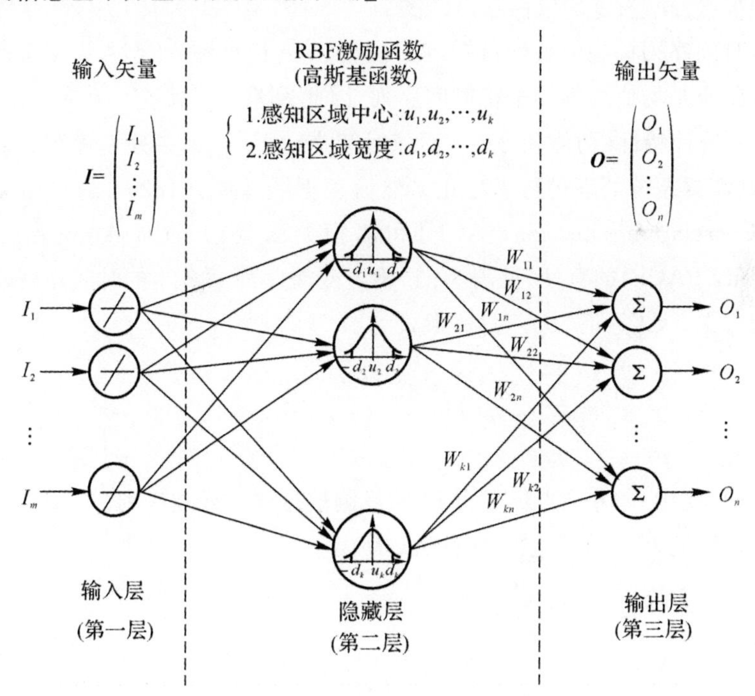

图 4-3　RBF 神经网络的结构框图

4.4.2 时间序列模型对 δZ_k(随机分量)的预测

在 4.4.1 节中,利用 RBF 神经网络的非线性映射能力及学习推理能力,完成对量测信息 $\boldsymbol{Z}_k$ 的基本分量部分的预测工作。提取出量测信息 $\boldsymbol{Z}_k$ 预测值的基本分量后,剩余的残差 $\delta\boldsymbol{Z}_k$ 为各时刻量测信息 $\boldsymbol{Z}_k$ 预测值的随机分量,可以看成是随机时间序列。因此可以利用时间序列模型,对经 RBF 神经网络提取基本分量后的残差序列(随机分量)进行预测建模。

时间序列模型的基本形式有 AR 模型、MA 模型和 ARMA 模型,其中 AR 模型和 MA 模型为 ARMA 模型的特殊情况。ARMA 模型形式 ARMA(p, q) 为

$$\begin{aligned}\delta Z_t = \phi_1 \cdot \delta Z_{t-1} + \phi_2 \cdot \delta Z_{t-2} + \cdots + \phi_p \cdot \delta Z_{t-p} + \\ \omega_t - \theta_1 \omega_{t-1} - \cdots - \theta_q \omega_{t-p}\end{aligned} \tag{4.7}$$

式(4.7)中,p 和 q 为模型阶次,$\{\varphi_i \mid i=1,2,\cdots,p\}$ 和 $\{\theta_i \mid i=1,2,\cdots,q\}$ 为模型参数,$\boldsymbol{\omega}_t$ 为零均值白噪声。

由时间序列模型的特性可知,AR 模型、MA 模型和 ARMA 模型所适合描述的对象应是均值为零的平稳时间序列,因此残差序列 $\{\delta\boldsymbol{Z}_k\}$ 须是平稳的,即 $\{\delta\boldsymbol{Z}_k\}$ 的统计特性(均值和方差)不随时间变化[132]。如果残差序列 $\{\delta\boldsymbol{Z}_k\}$ 不平稳,则需要差分处理进行平稳化。然后根据残差序列 $\{\delta\boldsymbol{Z}_k\}$ 的自相关函数(AutoCorrelation Function, ACF)和偏相关函数(Partial AutoCorrelation Function, PACF)的特性(见表 3-1)确定残差序列 $\{\delta\boldsymbol{Z}_k\}$ 的时间序列模型的参数和阶次。ACF 记为 ρ_k,具体形式为

$$\left.\begin{aligned}&\gamma_k = \frac{1}{N}\sum_{t=1}^{N-|K|} \delta Z_{t+|k|} \cdot \delta Z_t, \quad k=0,\pm 1,\pm 2,\cdots \\ &\rho_k = \gamma_k / \gamma_0\end{aligned}\right\} \tag{4.8}$$

式(4.8)中,$\{\delta\boldsymbol{Z}_t\}$ 为长度为 N 的量测信息预测残差序列。

PACF 记为 Φ_{kk},其递推计算公式为

$$\left.\begin{aligned}&\Phi_{11} = \gamma_1 \gamma_0 - 1 \\ &\Phi_{k+1,k+1} = \left(\gamma_{k+1} - \sum_{j=1}^{k} \Phi_{kj} \gamma_{k+1-j}\right)\left(\gamma_0 - \sum_{j=1}^{k} \Phi_{kj} \gamma_j\right)^{-1}, \quad j=1,2,\cdots,k \\ &\Phi_{k+1,j} = \Phi_{kj} - \Phi_{k+1,k+1} \Phi_{k+1,k+1-j}\end{aligned}\right\} \tag{4.9}$$

先根据确定残差序列$\{\delta \boldsymbol{Z}_k\}$的自相关函数$\rho_k$和偏自相关函数$\Phi_{kk}$的特性确定模型阶数$p$和$q$的大致范围；再从低阶到高阶分别进行参数估计，选择最小二乘法确定模型参数$\{\varphi_i \mid i=1,2,\cdots,p\}$和$\{\theta_i \mid i=1,2,\cdots,q\}$。最后检验该模型是否在统计意义上描述了残差序列$\{\delta \boldsymbol{Z}_k\}$，检验的标准是：应用这个模型来描述所研究的残差序列$\{\delta \boldsymbol{Z}_k\}$与其实际特性之间的残差应当是一个白噪声。

4.4.3　混合预测系统的结构设计

当 GPS 信号接收良好时，通过将 SINS 和 GPS 的位置 / 速度信息作差即可得到 POS 的量测信息$\boldsymbol{Z}_k$。此时混合预测系统工作于更新工作模式，以 SINS 中陀螺和加速度计的测量值($\boldsymbol{\omega}_{\mathrm{ib}}^{\mathrm{b}}$和$\boldsymbol{f}^{\mathrm{b}}$)为训练样本输入，并基于获取的量测信息$\boldsymbol{Z}_k$作为目标样本，对 RBF 神经网络的结构和参数进行在线的训练学习。再将 RBF 神经网络预测输出$\hat{\boldsymbol{Z}}_{k_\mathrm{RBF}}$与目标样本$\boldsymbol{Z}_k$进行相减得到量测信息的预测残差$\delta \boldsymbol{Z}_k$，利用时间序列分析法建立残差序列$\{\delta \boldsymbol{Z}_k\}$的预测模型。在此期间，基于目标样本数据，RBF 神经网络和时间序列模型的结构和参数被不断地调整和修正。图 4-4 所示为混合预测系统处于更新工作模式下的结构框图。

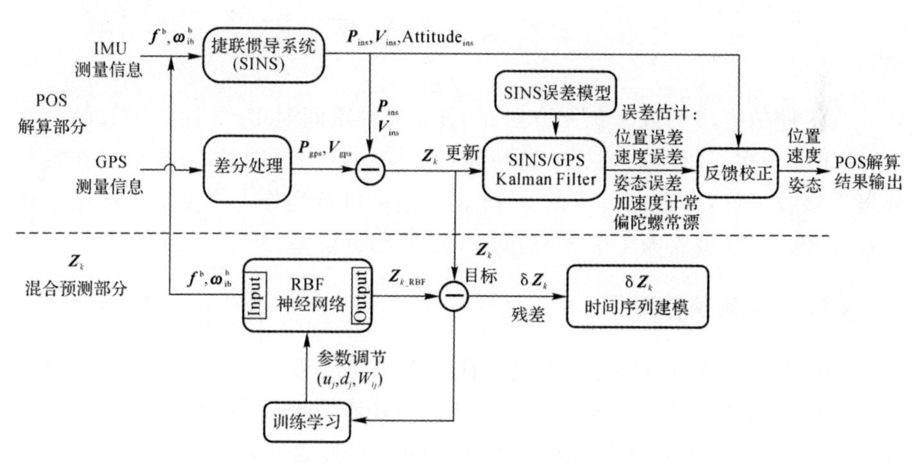

图 4-4　更新工作模式的混合预测系统结构框图

当 GPS 发生失锁时，混合预测系统变换为预测工作模式。如图 4-5 所示，RBF 神经网络以 SINS 中陀螺和加速度计的测量值($\boldsymbol{\omega}_{\mathrm{ib}}^{\mathrm{b}}$和$\boldsymbol{f}^{\mathrm{b}}$)为输入，获

得量测信息预测 $\hat{\boldsymbol{Z}}_{k\_\mathrm{RBF}}$，与此同时，残差序列 $\{\delta\boldsymbol{Z}_k\}$ 的预测模型以当前时刻为输入，获得量测信息的预测残差 $\delta\hat{\boldsymbol{Z}}_k$。将这两个结果相加得到量测信息的最佳预测 $\hat{\boldsymbol{Z}}_k$，即可用于 GPS 失锁期间 Kalman 滤波的量测更新。

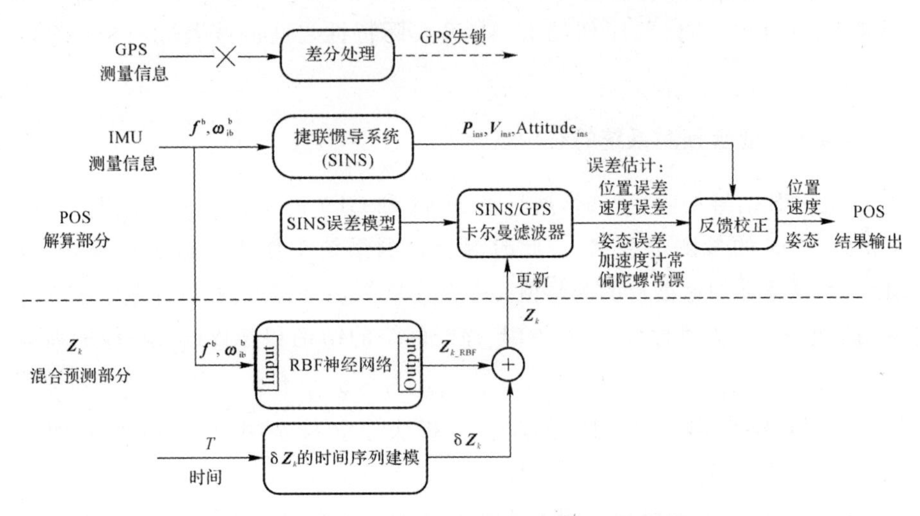

图 4-5　预测工作模式的混合预测系统结构框图

4.5　实验验证及结果分析

为了评估提出的混合预测方法在 GPS 失锁期间对 POS 性能提升的有效性，选用了一次飞行实验数据。选择飞行实验数据的原因是 GPS 信号在飞行环境下接收良好，在此条件下的 POS 解算结果可被当作一个衡量基准用于检验在 GPS 失锁（事后人工引入）期间 POS 的测量误差。

4.5.1　实验硬件配置

提出的混合预测方法应用于北航研制的高精度激光陀螺 POS（TX-L20-A2），其由激光陀螺 IMU，Novatel DL-V3 GPS 接收机和 POS 计算机组成，如图 4-6 所示。TX-L20-A2 型 POS 的技术参数见表 4-1。实验载机为运-5 型飞机，POS 的 IMU 通过过渡板与飞机机体固连，如图 4-7 所示。

图 4-6　北航激光陀螺 POS(TX-L20-A2)

表 4-1　激光陀螺 POS(TX-L20-A2)技术参数

传感器	参　数	精度指标
IMU	输出频率	100 Hz
	陀螺零漂重复性	$<0.01°/h\ (1\sigma)$
	陀螺零漂稳定性	$<0.01°/h\ (1\sigma)$
	加速度计零偏重复性	$<5\times10^{-5}g\ (1\sigma)$
	加速度计零偏稳定性	$<5\times10^{-5}g\ (1\sigma)$
DGPS	输出频率	10 Hz
	位置测量精度	0.15 (RMS)
	速度测量精度	0.03 m/s (RMS)
POS	输出频率	100 Hz
	位置测量精度	0.05 m (RMS)
	速度测量精度	0.03 m/s (RMS)
	航向精度	0.005°(RMS)
	横滚 & 俯仰精度	0.002 5°(RMS)

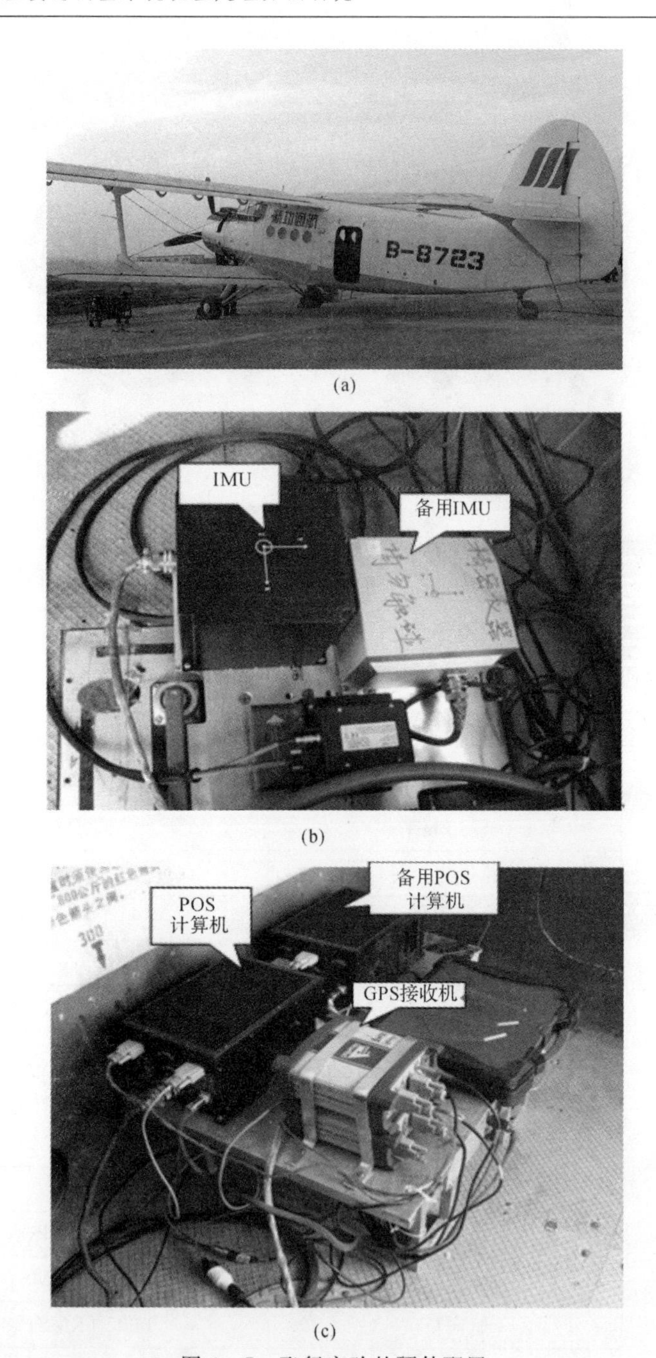

(a)

(b)

(c)

图 4-7　飞行实验的硬件配置

(a)运-5 型飞机;(b)IMU 安装示意图;(c)GPS 接收机和 POS 计算机的安装示意图

4.5.2　实验方案设计

整个飞行实验耗时 5 h，飞行轨迹如图 4－8 所示。在整个飞行实验过程中，GPS 原始信号无丢失现象。在事后处理中人为引入四段时间长度不等的 GPS 失锁，分别为 50 s，100 s，200 s 和 600 s，目的在于验证提出的混合预测方法在不同时长的 GPS 失锁条件下的性能。表 4－2 提供了各段 GPS 失锁起始和终止时间。图 4－9 所示为 GPS 在引入不同时长失锁后的纬度、经度、高度、东向速度、北向速度和天向速度的曲线变化图，其中虚线段表示 GPS 失锁。

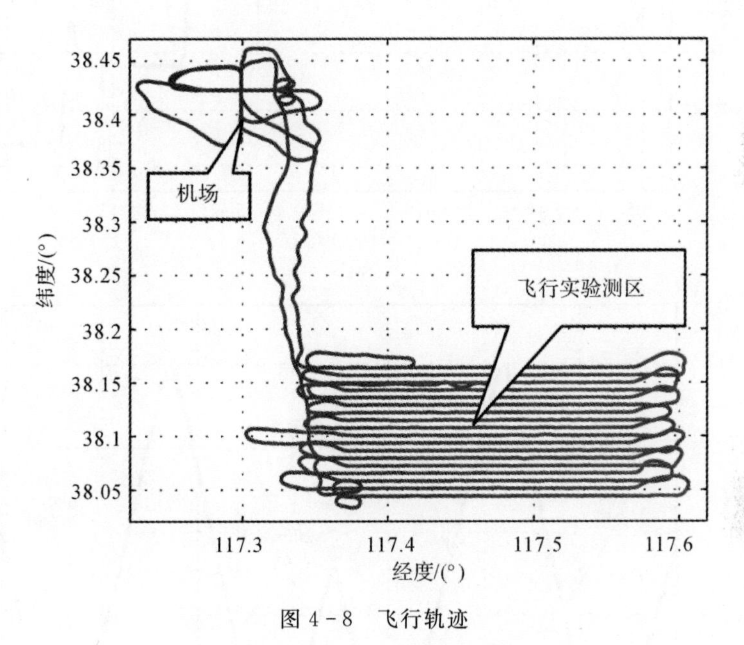

图 4－8　飞行轨迹

表 4－2　人为引入的 GPS 失锁

GPS 失锁段序号	GPS 失锁段的起始至终止时间（GPS 周秒）/s	GPS 失锁时长/s
1	540 570.15～540 620.15	50
2	541 109.15～541 209.15	100
3	542 211.55～542 411.55	200
4	542 884.25～543 484.25	600

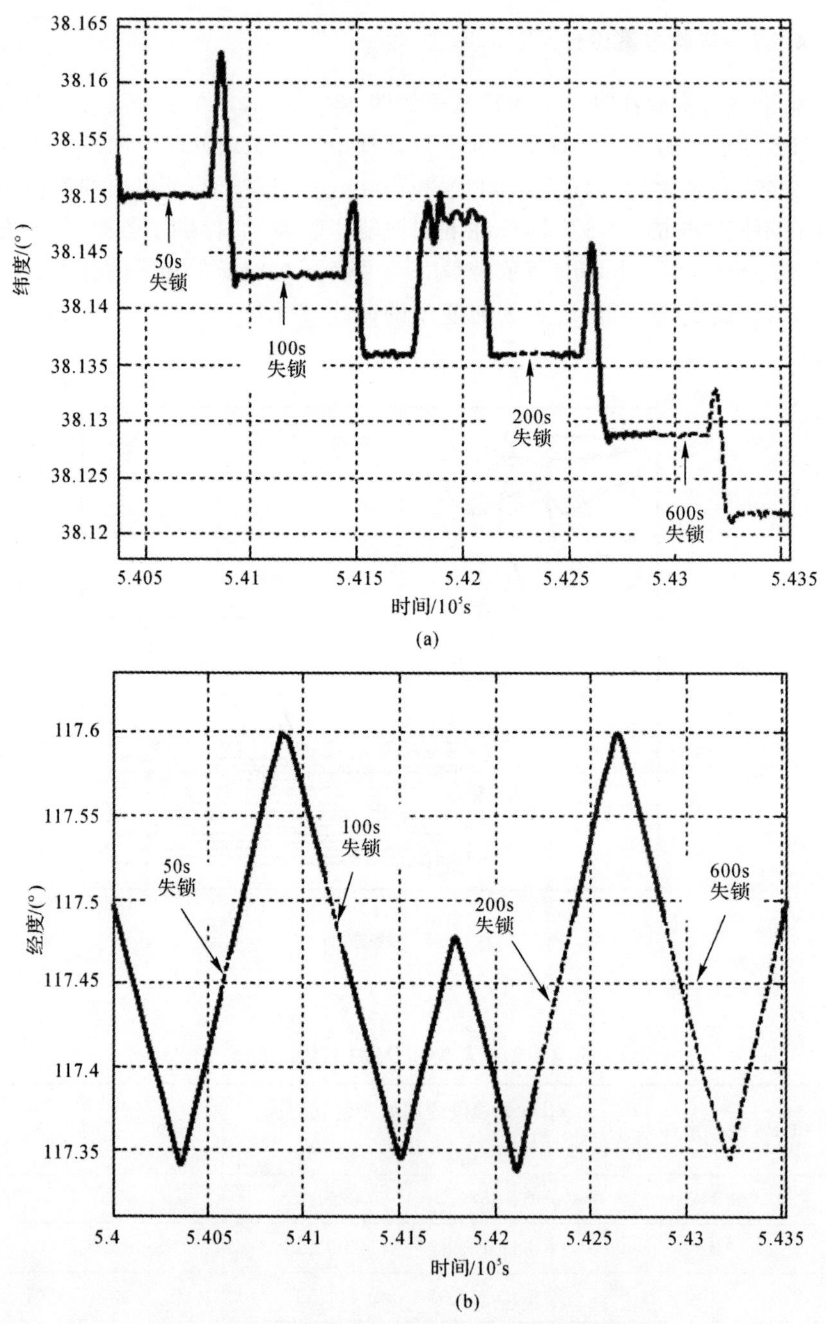

图 4-9　人为引入失锁的 GPS 位置和速度曲线图

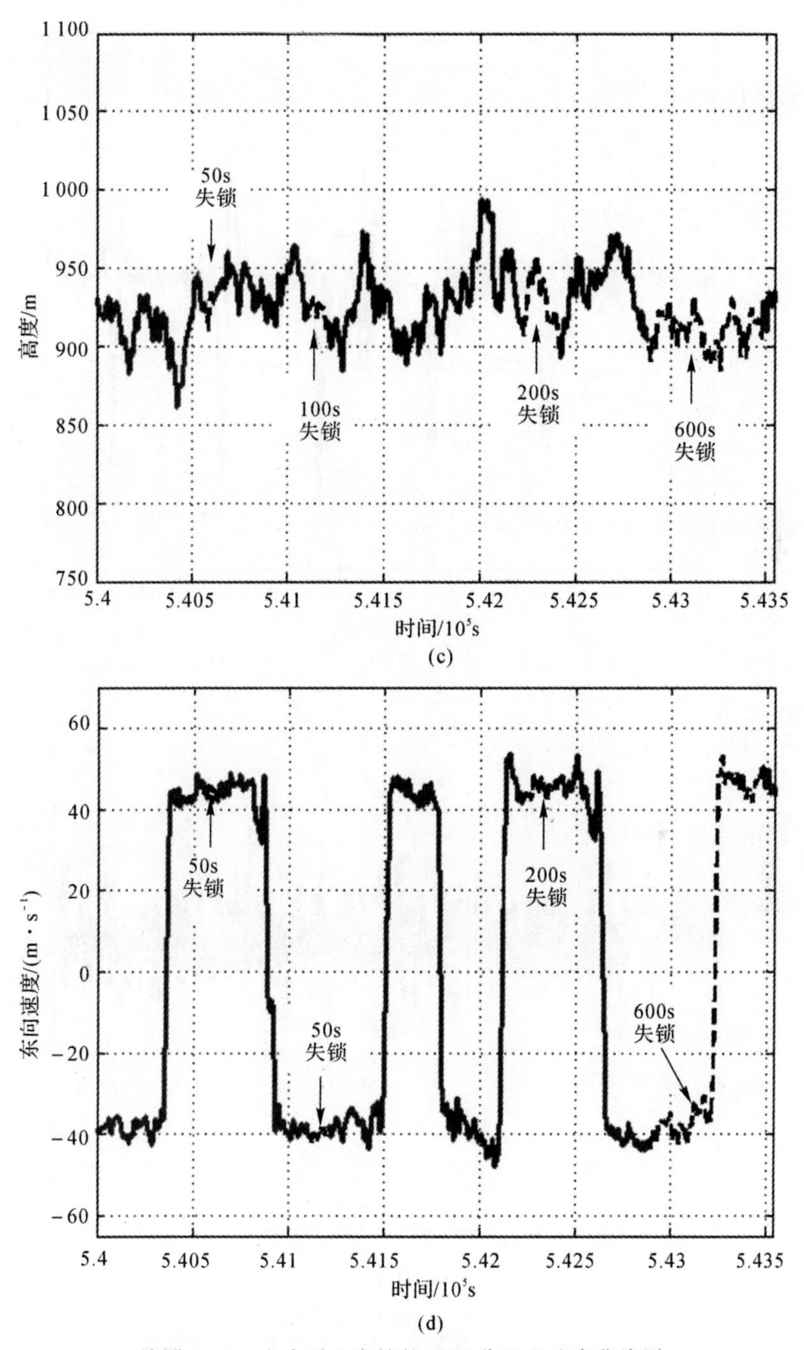

续图 4－9　人为引入失锁的 GPS 位置和速度曲线图

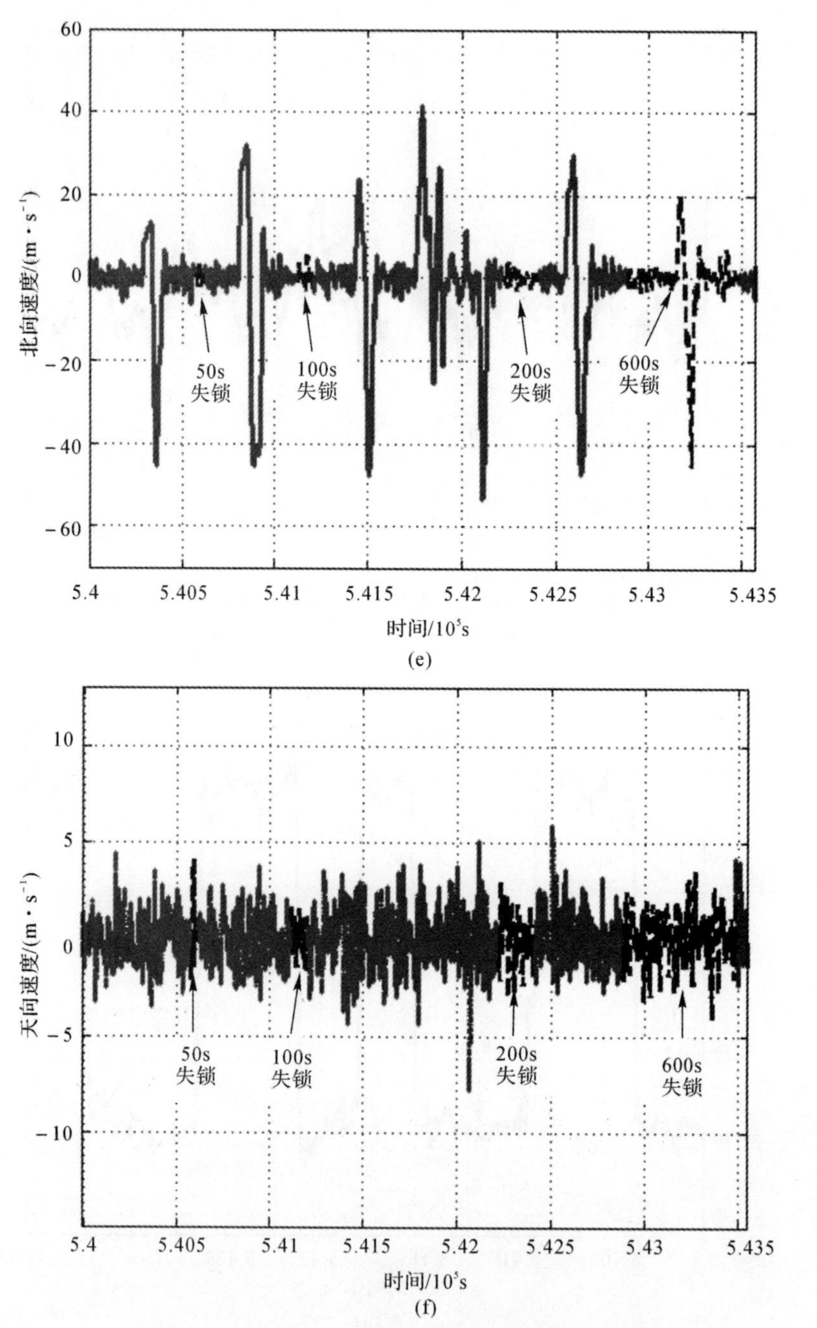

(e)

(f)

续图 4-9 人为引入失锁的 GPS 位置和速度曲线图

(a)纬度;(b)经度;(c)高度;(d)东向速度;(e)北向速度;(f)天向速度

4.5.3　实验数据处理流程及结果分析

首先，采用标准 Kalman 滤波器将 SINS 数据和完整的 GPS 数据进行融合处理，其得出的 TX－L20－A2 POS 解算结果被当作基准数据用于评测提出的混合预测方法在 GPS 失锁期间的有效性。其次，对于不同时长的 GPS 失锁情况(50 s，100 s，200 s 和 600 s)，选择了 3 种不同的方法用于 POS 的 SINS/GPS 数据融合处理，分别是：①标准 Kalman 滤波方法；②RBF 神经网络方法(替代 Kalman 滤波器)；③提出的混合预测方法(辅助 Kalman 滤波器)，并将这三种方法的结果进行了比较分析。

图 4－10 所示为基于上述 3 种方法的 POS 位置误差、速度误差和姿态误差曲线图。从图中可以看出，基于 Kalman 滤波方法的 POS 误差在 GPS 失锁期间快速增长，误差增长速度与失锁时间成正比例关系。这是因为在 GPS 失锁期间无量测信息为 SINS 位置、速度和姿态结果进行误差修正，SINS 误差随时间不断积累，从而导致 POS 在 GPS 失锁期间精度严重下降(以 200 s 和 600 s 的中长期 GPS 失锁最为明显)。

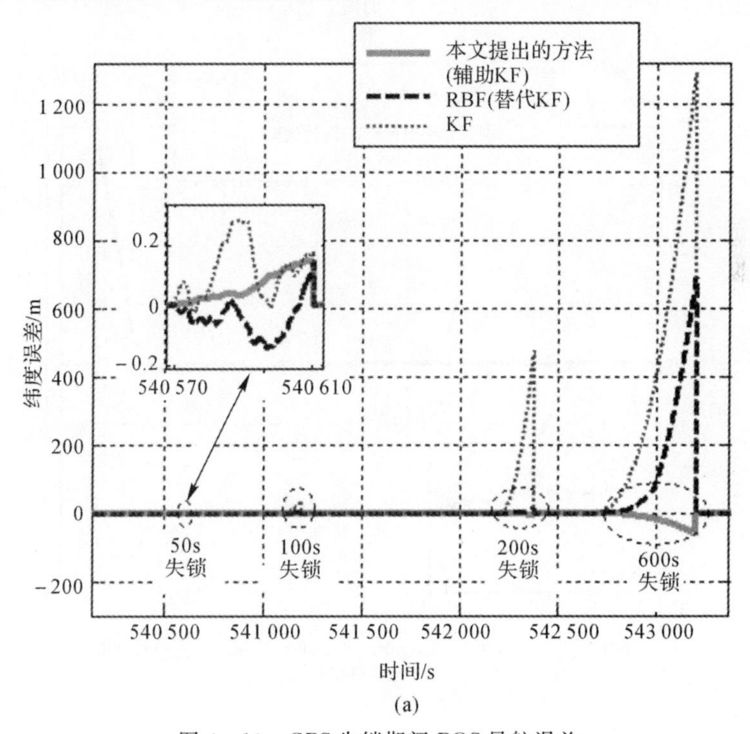

图 4－10　GPS 失锁期间 POS 导航误差

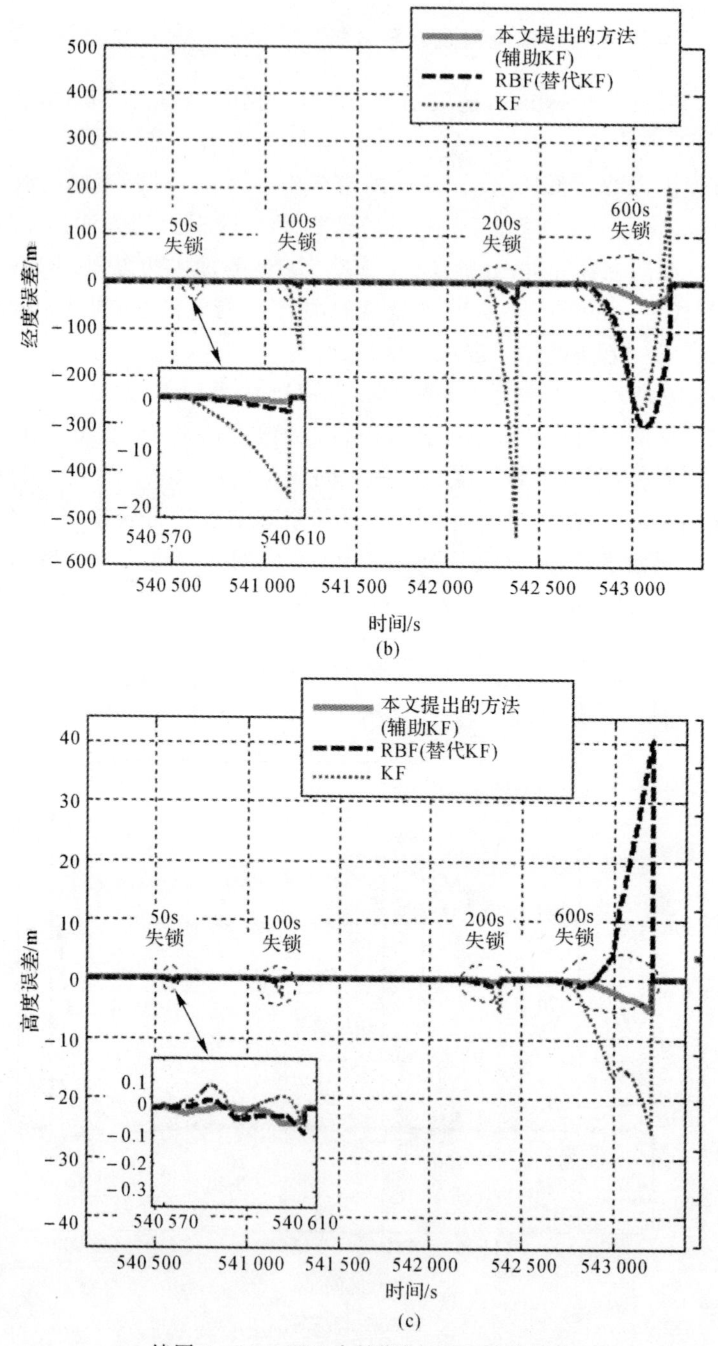

(b)

(c)

续图 4-10 GPS失锁期间 POS 导航误差

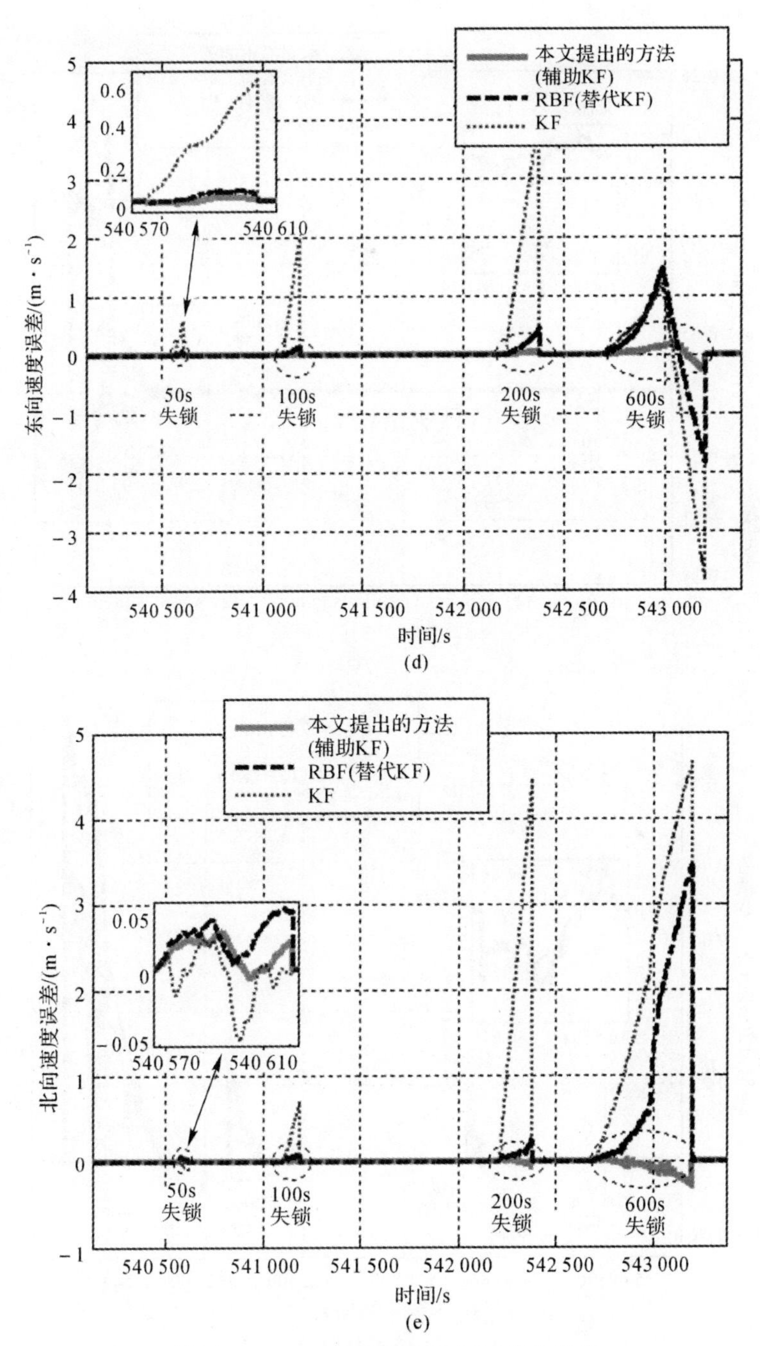

续图 4-10　GPS 失锁期间 POS 导航误差

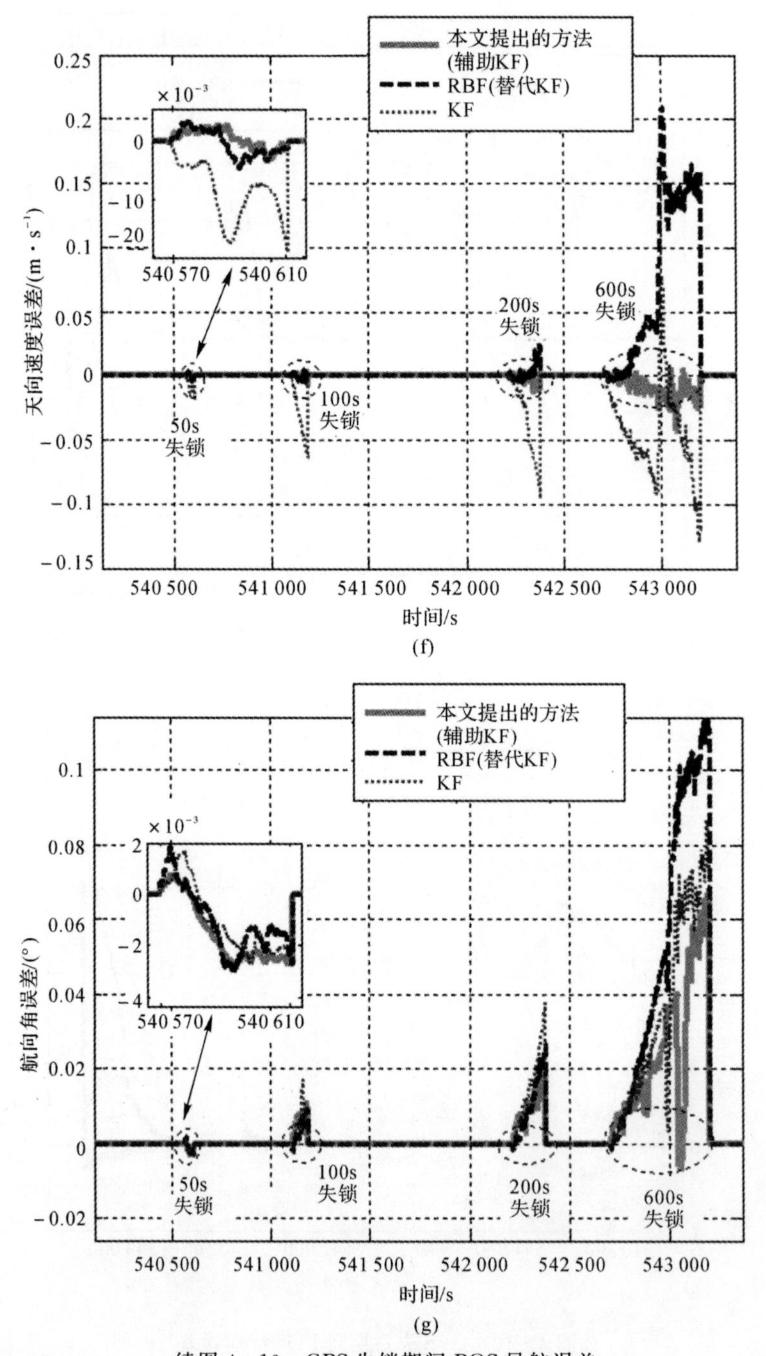

续图 4-10　GPS 失锁期间 POS 导航误差

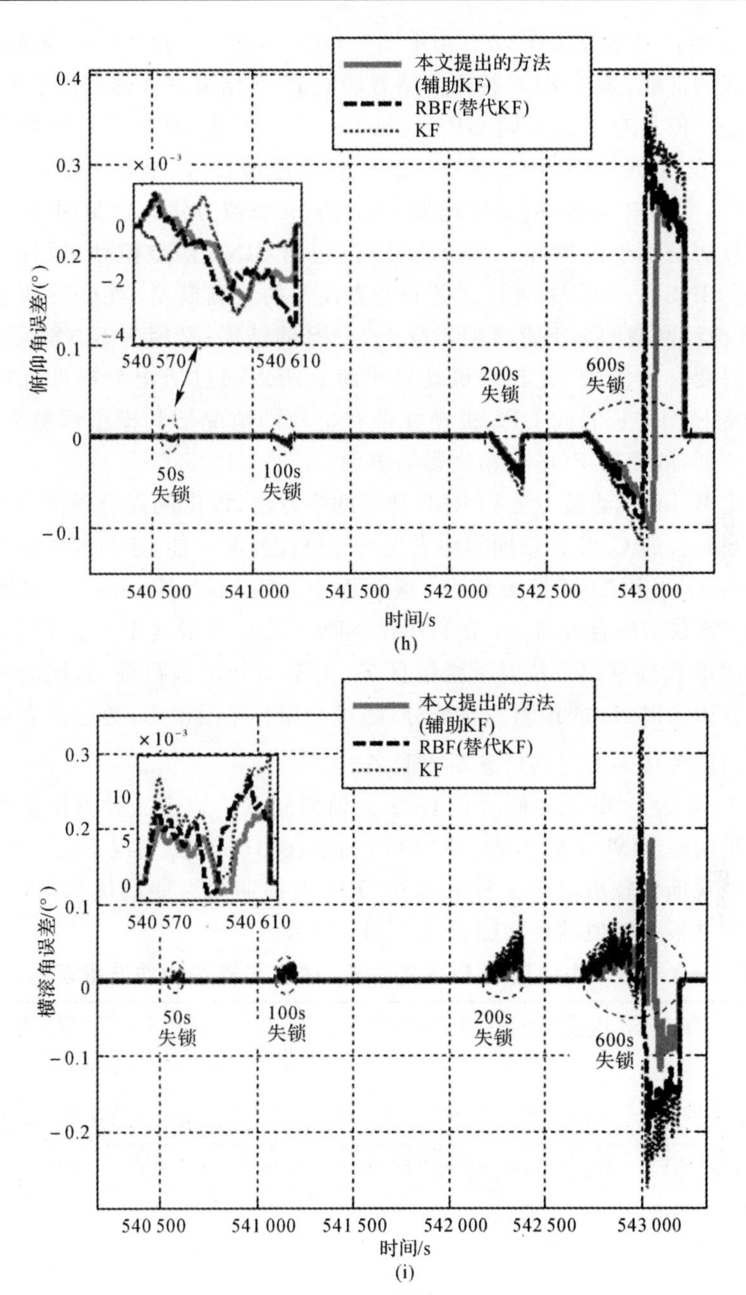

续图 4－10　GPS 失锁期间 POS 导航误差

(a)纬度误差；(b)经度误差；(c)高度误差；(d)东向速度误差；

(e)北向速度误差；(f)天向速度误差；(g)航向角误差；(h)俯仰角误差；(i)横滚角误差

RBF 神经网络方法在 GPS 短中期失锁(50 s,100 s 和 200 s)的情况下表现出较好的性能,基于 RBF 神经网络方法的 POS 结果绝大部分优于 Kalman 滤波方法。但是对于长时间 GPS 失锁(600 s),基于 RBF 神经网络方法的 POS 误差在 GPS 失锁 400 s 后(机动开始)快速增长,甚至有些导航结果(高度、天向速度和航向角)的精度还低于 Kalman 滤波方法。这是因为 RBF 神经网络方法是基于先验知识和历史数据(包括 SINS 误差模型)通过训练学习,获得 SINS 位置误差、速度误差和姿态误差的预测模型,当 GPS 失锁发生时 RBF 神经网络的输出直接用于修正 SINS 的结果;又因为 SINS 误差模型是一个时变参数模型(尤其是机动发生时),所以通过历史数据训练得来的 RBF 预测模型在长时间 GPS 失锁并带有机动的情况下其模型误差变大、预测精度变低,故而对 POS 的精度影响很大。

对比 Kalman 滤波方法和 RBF 神经网络方法,提出的混合预测方法在短中长不同时长的 GPS 失锁期间均表现出十分优异的性能,这归因于其两个重要的特点:①采用“伪”量测信息(预测而得)$\hat{\boldsymbol{Z}}_k$ 辅助 Kalman 滤波器进行 SINS/GPS 数据融合处理,充分利用了 SINS 误差模型这个先验知识信息;②采用RBF 神经网络方法对量测信息 $\boldsymbol{Z}_k$ 的基本分量进行预测,同时采用时间序列分析法对 $\boldsymbol{Z}_k$ 的预测残差部分(随机分量)进行预测,通过两者的结果共同得到较为精确的量测信息预测值 $\hat{\boldsymbol{Z}}_k$ 。

表 4-3 为 POS 在不同时长 GPS 失锁期间基于以上三种方法的导航结果均方根误差(RMS)统计,即是对 POS 精度在 GPS 失锁情况下的定量分析。为了更直观地比较出以上三种方法在 GPS 失锁期间性能的优劣,POS 导航结果的均方根误差值的柱状图如图 4-11 所示。

表 4-3　GPS 失锁期间 POS 的位置、速度和姿态的均方根误差值

失锁时间长度	方法	位置均方根误差(RMS) m				速度均方根误差(RMS) m/s				姿态均方根误差(RMS) (°)		
		纬度	经度	高度	位置	东速	北速	天速	合速度	航向	俯仰	横滚
50 s	KF	0.14	7.98	0.03	7.98	0.33	0.01	0.01	0.33	0.001 6	0.001 5	0.008 4
	RBF (替代 KF)	0.07	1.16	0.02	1.16	0.03	0.04	0.002	0.05	0.001 5	0.001 7	0.006 9
	提出的混合预测方法 (辅助 KF)	0.08	0.43	0.02	0.43	0.01	0.02	0.001	0.02	0.001 5	0.001 4	0.004 9

续　表

失锁时间长度	方法	位置均方根误差(RMS) m				速度均方根误差(RMS) m/s				姿态均方根误差(RMS) (°)		
		纬度	经度	高度	位置	东速	北速	天速	合速度	航向	俯仰	横滚
100 s	KF	16.1	67.38	1.41	69.3	1.17	0.38	0.03	1.23	0.007 1	0.006 8	0.016 8
	RBF (替代 KF)	0.53	4.31	0.35	4.35	0.07	0.05	0.002	0.08	0.004 9	0.004 4	0.011 7
	提出的混合预测方法 (辅助 KF)	0.54	1.29	0.04	1.39	0.02	0.02	0.002	0.03	0.005 1	0.003 6	0.005 5
200 s	KF	215.9	244.2	1.83	326.0	2.37	2.58	0.04	3.50	0.017 9	0.037 1	0.040 6
	RBF (替代 KF)	3.98	19.1	0.58	19.5	0.20	0.10	0.01	0.22	0.013 2	0.026 7	0.025 1
	提出的混合预测方法 (辅助 KF)	2.58	3.84	0.24	4.63	0.03	0.02	0.004	0.04	0.010 3	0.024 1	0.019 6
600 s	KF	551.8	149.3	13.08	571.8	1.36	2.59	0.05	2.93	0.043 6	0.205 3	0.132 1
	RBF (替代 KF)	247.2	178.9	16.22	305.6	0.81	1.67	0.09	1.86	0.066 0	0.173 2	0.102 5
	提出的混合预测方法 (辅助 KF)	24.27	25.3	2.30	35.11	0.11	0.11	0.01	0.16	0.031 7	0.158 6	0.055 9

在 50 s，100 s 和 200 s 的 GPS 短中时失锁期间，POS 采用提出的混合预测方法的位置均方根误差分别为 0.43 m，1.39 m 和 4.63 m；速度均方根误差分别为 0.02 m/s，0.03 m/s 和 0.04 m/s；航向角均方根误差分别为 0.001 5°，0.005 1°和 0.010 3°；俯仰角均方根误差分别为 0.001 4°，0.003 6°和 0.024 1°；横滚角均方根误差分别为 0.004 9°，0.005 5°和 0.019 6°，其误差统计结果均优于 Kalman 滤波方法和 RBF 神经网络方法。

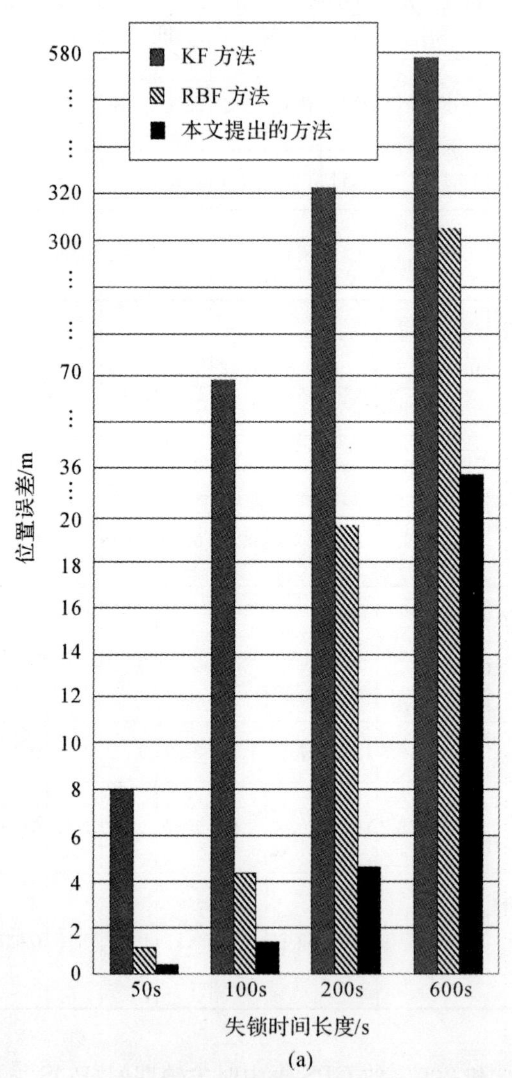

(a)

图 4－11　GPS 失锁期间 POS 导航结果均方根误差柱状图

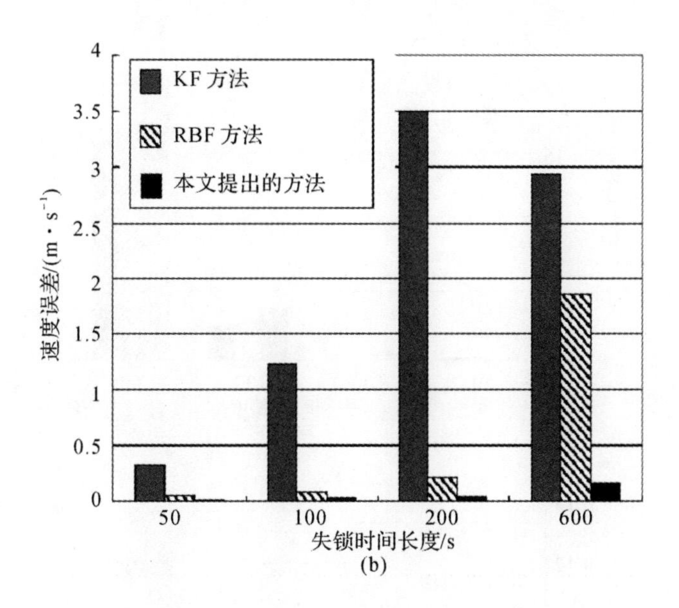

(b)

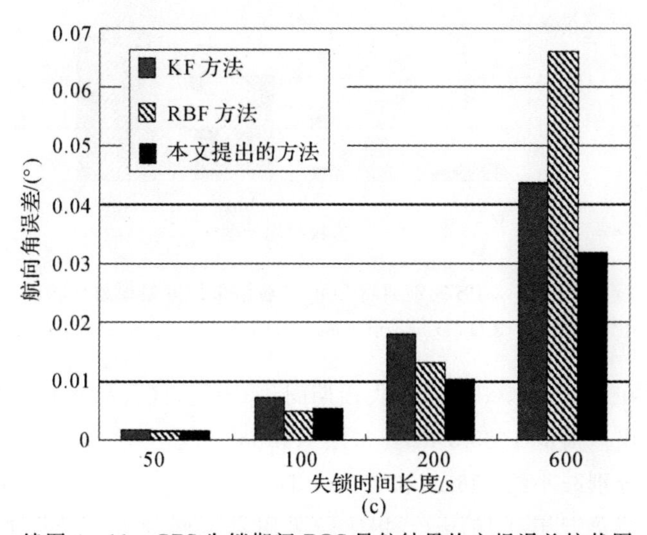

(c)

续图 4-11　GPS 失锁期间 POS 导航结果均方根误差柱状图

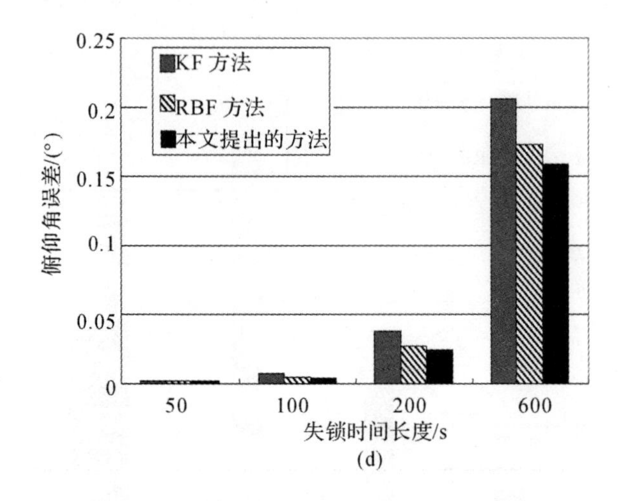

(d)

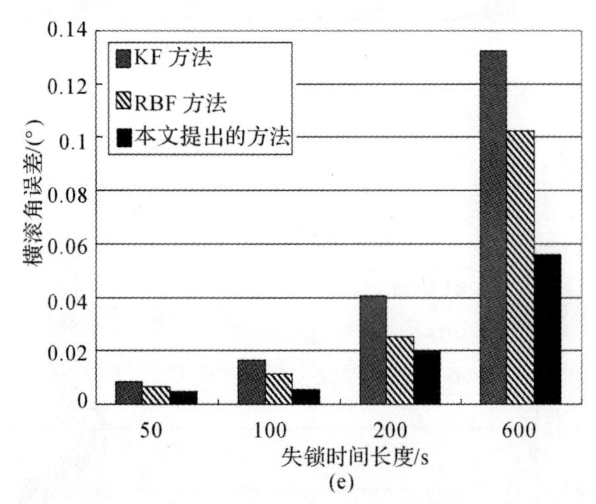

(e)

续图 4-11 GPS 失锁期间 POS 导航结果均方根误差柱状图

(a)位置误差;(b)速度误差;(c)航向角误差;(d)俯仰角误差;(e)横滚角误差

特别是在 600 s 的 GPS 长时失锁期间,采用提出的混合预测方法的 POS 位置均方根误差值低于 35.5 m,比采用 Kalman 滤波方法和 RBF 神经网络方法的误差值分别减小约 536 m 和 270 m;同时采用混合预测方法的 POS 速度均方根误差值接近于 0.16 m/s,相比较采用其他两种方法的误差统计值有 2.77 m/s和 1.7 m/s 的提高。另外,采用混合预测方法的 POS 航向角、俯仰角和横滚角的均方根误差值分别达到 0.031 7°,0.158 6°和 0.055 9°,均小于采用Kalman滤波方法和RBF神经网络方法的POS姿态误差值。

4.6　本章小结

本章提出了一种解决长时间GPS信号失锁情况下高精度POS组合定姿定位问题的混合预测方法，采用RBF神经网络和时间序列模型共同对量测信息$\boldsymbol{Z}_k$进行精确预测，并将其结果用于POS的Kalman滤波数据融合处理，最终获得GPS失锁期间POS的高精度位置、速度和姿态信息。

第5章　POS在高分辨率机载SAR运动补偿中高精度数据处理方法

5.1　引　　言

机载SAR是遥感领域中一种重要的对地观测手段，根据雷达波照射目标区域产生的微波反射特性进行遥感成像。相对于传统可见光学成像和红外遥感成像，由于SAR的有源功能使其具有全天时、全天候、多频段、多极化、视角可变和穿透性的特点，在国土测绘、地质和矿产资源勘探、农业和森林监测以及军事侦察等领域得到广泛应用[133]。

机载SAR成像算法是基于SAR天线相位中心相对于目标匀速直线运动状态进行成像处理的，但是实际飞行受扰动气流、高空风以及载机平台自身性能等诸多因素的影响，造成SAR天线相位中心偏离理想的匀速直线运动状态，从而产生运动误差。SAR成像处理过程中如果忽略SAR天线相位中心的运动误差，将会导致SAR成像质量下降，严重时甚至无法进行SAR成像[134-136]。不同形式的运动误差对SAR成像质量的影响也不同，各类运动误差对SAR成像的影响如图5-1所示[137]。常值和线性的低频运动误差不影响SAR图像的聚焦，图像分辨率不受影响，成像区域的图像只在地理坐标上整体平移；抛物线式的二次运动误差不但会引起图像在地理坐标上的偏移，还会造成图像散焦，导致SAR成像分辨率下降；正弦式的高频运动误差会引起SAR噪比下降，并出现较强的虚假目标，这些假目标点与其附近的真目标点相混淆，最终影响整幅SAR图像的分辨率。因此，在高分辨率机载SAR成像处理中，必须对各类运动误差进行精确的补偿。

机载SAR运动补偿方法有两种[138]：①基于SAR数据的运动补偿方法；②基于运动传感器的运动补偿方法。前一种方法可从SAR回波数据中精确提取出低频的运动误差并进行补偿，但是这种方法计算量较大，不利于实时处理。另外，基于SAR数据的运动补偿方法提取运动误差的带宽较低，对高频的运动误差无能为力。后一种方法采用运动传感器对SAR天线相位中心的各种运动状态的数据进行直接测量，得出SAR天线相位中心相应的运动误差并进行补偿。基于高精度 POS 的运动补偿就属于后一种方法，其采用 Kalman 滤波器将 IMU 和 GPS 进行实时数据融合处理，集合了 IMU 数据短期精度高和 GPS 数据长期稳定性的优点于一体，有较高的运动误差提取带宽，能够对低频和高频的运动误差进行有效的实时补偿。

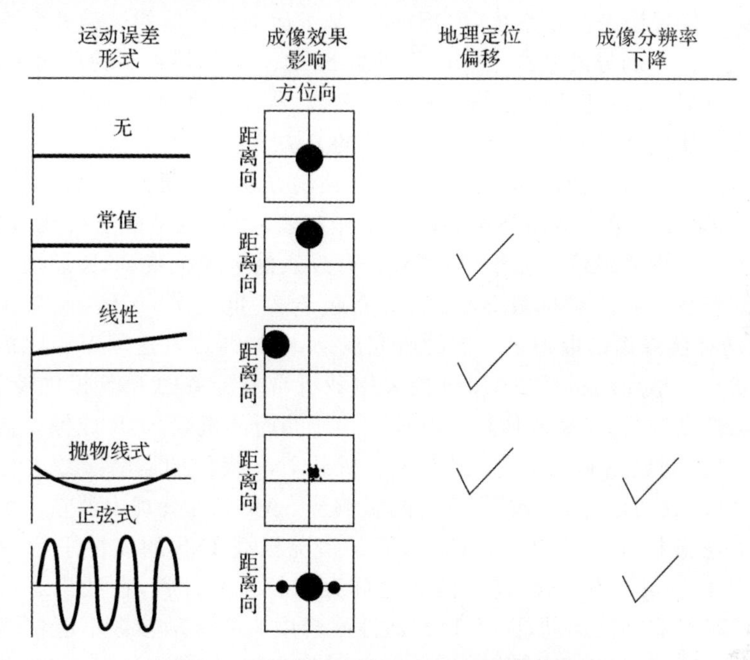

图 5-1　各类运动误差对 SAR 成像的影响

随着机载 SAR 成像分辨率要求的不断提高，运动补偿技术已成为高分辨率机载 SAR 成像的关键问题，针对现有的基于运动传感器的机载 SAR 运动补偿中 POS 数据处理方法的不足，本章提出一种基于滤波校正值平滑的 POS 数据处理方法，满足高分辨率机载 SAR 实时成像运动补偿的需求。最后通过 POS 与 SAR 的联合飞行实验验证该方法在高分辨率机载 SAR 实时成像运动补偿中的有效性。

5.2　POS 在高分辨率机载 SAR 运动补偿中数据处理方法的研究现状

随着对机载 SAR 成像分辨率的需求不断提高，运动补偿日益显示出其重要地位。机载 SAR 运动补偿的方法分为两类：一类是基于 SAR 数据的运动补偿方法，如自聚焦算法、反射位移方式、多普勒杂波谱中心估计和多普勒参数估计等。基于SAR数据的运动补偿方法是从雷达数据中提取运动补偿所需的相位误差等参数，将运动误差的影响从SAR成像处理中消除的方法。另一类是基于运动传感器的运动补偿方法，如惯性导航系统（INS）、全球定位系统（GPS）和位置姿态测量系统（POS）等。基于运动传感器的运动补偿方法是利用载机上已有的导航系统或专门为机载SAR运动补偿特制的运动传感器，直接测量SAR天线相位中心的各种运动参数，从而计算出相应的运动误差并将其造成的影响从SAR成像处理中消除的方法。

本章主要针对基于运动传感器的运动补偿方法进行研究。国外对基于运动传感器的机载SAR运动补偿的研究工作起步较早，但是由于机载SAR成像在军事领域中的地位十分重要，国外公开发表的有关机载SAR运动补偿技术的文献较少。我国对机载SAR的研究起于20世纪70年代，目前在机载SAR运动补偿方面已取得了一定的研究成果，但同西方发达国家相比仍然处于落后状态。早期的机载SAR直接采用载机自身配备的INS提供位置、速度和姿态信息进行SAR成像运动补偿。由于当时的机载SAR成像分辨率较低，运动误差问题不是很突出，因而采用机载INS提供的运动参数进行运动补偿，就可以成功地将运动误差造成的影响从SAR成像处理中消除。由于机载INS是为载机导航应用而设计的，通常情况机载INS的惯性平台中心与SAR天线相位中心不重合，甚至两者之间存在较长的杆臂，在载机运动过程中这两者存在非刚性运动，因此INS惯性平台中心的运动参数不能精确反映SAR天线相位中心的运动误差[138]。随着机载SAR分辨率的提高，机载INS无法满足机载SAR的运动补偿需求。

20世纪80年代后，专门用于机载SAR运动补偿的运动传感器——惯性测量单元（IMU）研制成功[139]。IMU体积小、质量轻并且安装灵活，可直接与SAR天线固连安装，这样IMU的惯性平台中心与SAR天线相位中心之间的杆臂大为缩短，即IMU可精确测量SAR天线相位中心的运动误差。IMU具有短期高精度的特点，主要用于测量SAR天线相位中心高频运动误差，但是由于IMU中的惯性器件长期积累误差随时间发散，故IMU无法精确测量SAR天线相位中心低频运动误差。

1994年，Buckreuss[140]采用IMU/GPS组合导航的方法对机载SAR进行运动补偿，该方法根据GPS具有长期稳定性的特点，将其作为观测量估计出IMU系统误差，在很大程度上减小了IMU的测量误差。但是GPS的相干测量噪声对IMU测量高频运动误差有较大影响，无法满足高分辨率机载SAR对于运动补偿的需求。

2000 年，袁建平[141]等人采用 IMU/GPS/IMU 组合方式对机载 SAR 进行运动补偿，该方法利用 GPS 作为观测量对机载 INS 的系统误差进行估计并校正，同时利用传递对准的方式对 IMU 进行定期对准，从而有效抑制 IMU 测量误差的发散，同时又可精确测量高频运动误差。但是这种方法要求机载 INS 的精度相当高，并且要求机载 INS 与 SAR 天线之间是刚性连接，实现难度较大。

2004 年，郭智、丁赤飚、房建成[142]等人提出一种基于 SINS/GPS 组合方式的高分辨率机载 SAR 的运动补偿方案，该方案采用两套独立的捷联惯导算法，对 SAR 天线相位中心低频运动误差的测量保持长期稳定性，在短合成孔径时间内可精确测量高频运动误差。但是这种方法不适用于长合成孔径的 SAR 应用情况。

5.3　机载 SAR 运动补偿中现有的 POS 数据处理方法的问题分析

目前，在实际中较为常用的基于 POS 的机载 SAR 运动补偿系统[142]的原理框图如图 5-2 所示。该系统中，用于机载 SAR 实时运动补偿的 POS 在其数据处理机制上与标准 POS 不同。一般来说，标准 POS 利用 IMU 测量到的角速度和加速度信息，通过捷联惯性导航算法计算出机载 SAR 天线相位中心(与 IMU 固连安装)的位置、速度和姿态运动参数，然后利用 GPS 提供的位置和速度观测信息，采用 Kalman 滤波器估计出 SINS 的误差，并对其进行反馈校正。图 5-2 中用于机载 SAR 实时运动补偿的 POS 具有两套独立的捷联惯性导航解算模块，即捷联解算 A 和捷联解算 B。当机载 SAR 未成像时，捷联解算模块 B 不工作，执行标准 POS 的处理机制。当机载 SAR 开始成像时，开启捷联解算模块 B，该模块以前一时刻 POS 的输出结果(位置、速度和姿态)为初始信息，利用 IMU 的角速度和加速度测量信息进行捷联惯性导航解算。当机载 SAR 成像完成时(合成孔径时间结束)，关闭捷联解算模块 B。在捷联解算模块 B 开启至关闭期间，没有使用 GPS 观测信息对 SINS 结果进行误差估计与校正，捷联解算模块 B 直接输出纯惯性导航结果用于机载 SAR 成像的运动补偿。

由图 5-2 可以看出，捷联解算模块 B 仅在机载 SAR 成像的合成孔径时间内工作，其输出的是纯惯性导航结果，得到的运动参数具有连续平滑的特点(即可精确测量机载 SAR 天线相位中心的高频运动误差)，由于传统的机载 SAR 成像的合成孔径时间一般为十几秒(如：X 波段 SAR 的合成孔径时间长度为 15 s 左右)，捷联解算模块 B 在较短的合成孔径时间内误差积累很小，其输出的运动参数结果具有短时高精度的特点(即可精确测量机载 SAR 天线相位中心的低频运动误差)。因此该系统可满足短合成孔径机载 SAR 的成像运动补偿需求。

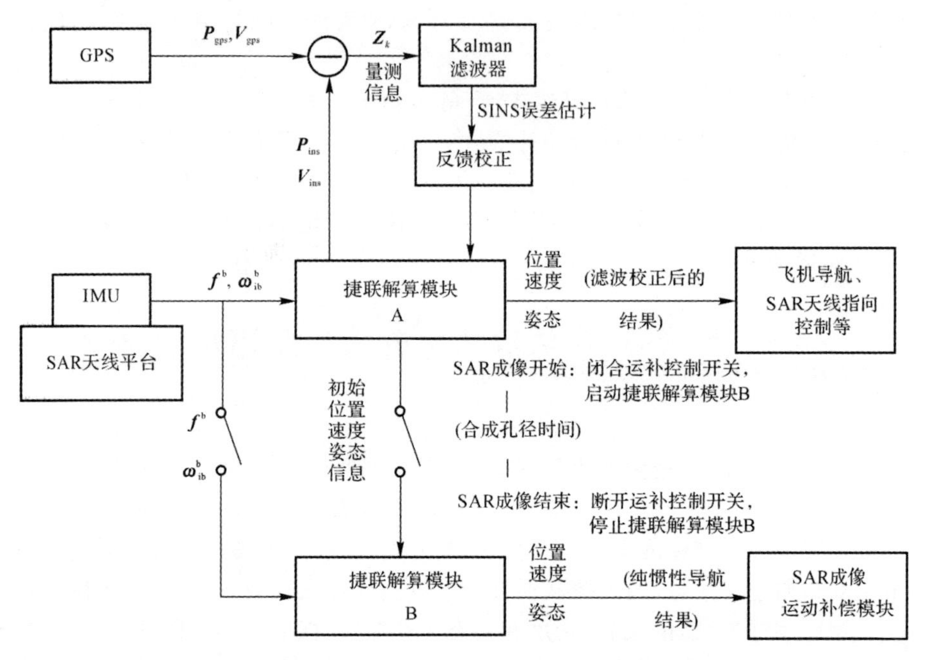

图 5-2　现有的基于 POS 的机载 SAR 运动补偿系统原理框图

然而，随着应用需求的不断提升，为了提高机载 SAR 成像的分辨率，必须尽可能地延长合成孔径长度[138](如:P 波段 SAR 的合成孔径时间长度为数十秒，或者连续多个短合成孔径，总时间长度 3～10 min)。长的合成孔径意味着，捷联解算模块 B 将会在一个"较长"时间段内积累 SINS 系统误差，相当于在合成孔径时间内对机载 SAR 系统引入了一个低频的运动误差。任何惯性测量系统都存在系统误差，并长期积累随时间发散，这是惯性测量系统固有的本质特性。

如果采用将 GPS 数据和 SINS 数据通过 Kalman 滤波器进行数据融合的方法，虽然可以将 SINS 系统误差进行估计和校正从而抑制 SINS 系统误差的发散，但是由于 GPS 数据为离散信号，目前其精度仅能达到厘米级，以 GPS 数据为观测量经过 Kalman 滤波后得出基于最小方差意义上 SINS 系统误差的最优估计值，以此对 SINS 结果进行周期性脉冲式的校正，这就相当于对机载 SAR 系统引入了一个高频的运动误差，如图 5－3 所示。

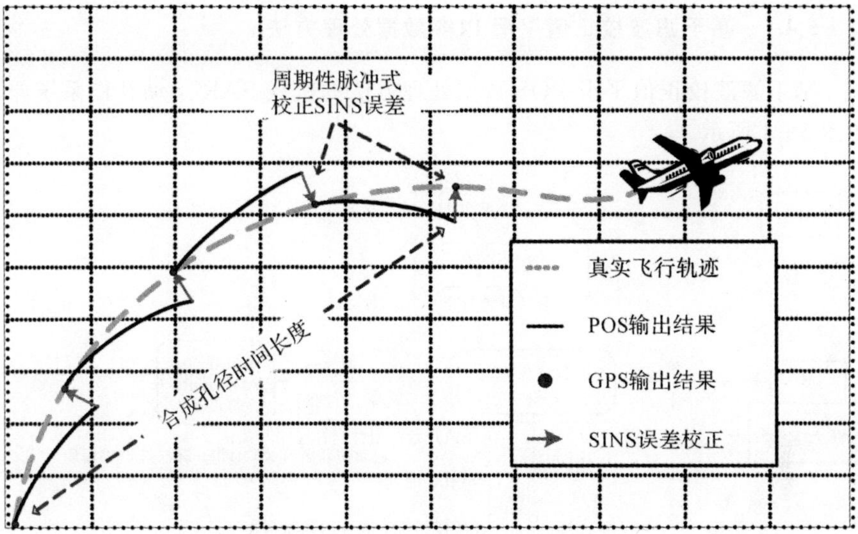

图 5－3　机载 SAR 合成孔径时间内周期性脉冲式校正 SINS 误差示意图

这些由于机载 SAR 合成孔径长度增加而给 POS 带来的测量误差（低频＋高频）将会严重影响机载 SAR 的成像分辨率，因此文献[142]中的基于 POS 的机载 SAR 运动补偿系统不能满足长合成孔径机载 SAR 的运动补偿需求。

5.4　一种适用于长合成孔径机载 SAR 运动补偿的 POS 高精度数据处理方法

机载 SAR 的分辨率是随着合成孔径长度的延长而提高的，在长合成孔径时间内对用于机载 SAR 运动补偿的 POS 结果有两点要求：①绝对误差小，即 POS 结果精度不能发散；②相对误差平滑，即 POS 结果必须隔离高频噪声。在文献[142]中，基于 POS 的机载 SAR 运动补偿系统的捷联解算模块 B 在长合成孔径时间内其纯惯性导航结果精度会发散、绝对误差变大，对其最好的解决办法是采用 GPS 作为外部观测信息通过 Kalman 滤波器进行误差最优估计并反馈校正，但是这样的周期性脉冲式的校正相当于给 POS 结果引入了高频噪声，不能满足长合成孔径机载 SAR 的运动补偿要求。根据上述对长合成孔径机载 SAR 运动补偿要求的分析，针对文献[142]运动补偿系统的不足，在其基础上提出了一种适用于长合成孔径机载 SAR 运动补偿的基于滤波校正值平滑处理的 POS 数据处理方法。

5.4.1 基于滤波校正值平滑 POS 数据处理方法

基于滤波校正值平滑 POS 数据处理方法的机载 SAR 运动补偿系统原理如图 5-4 所示。

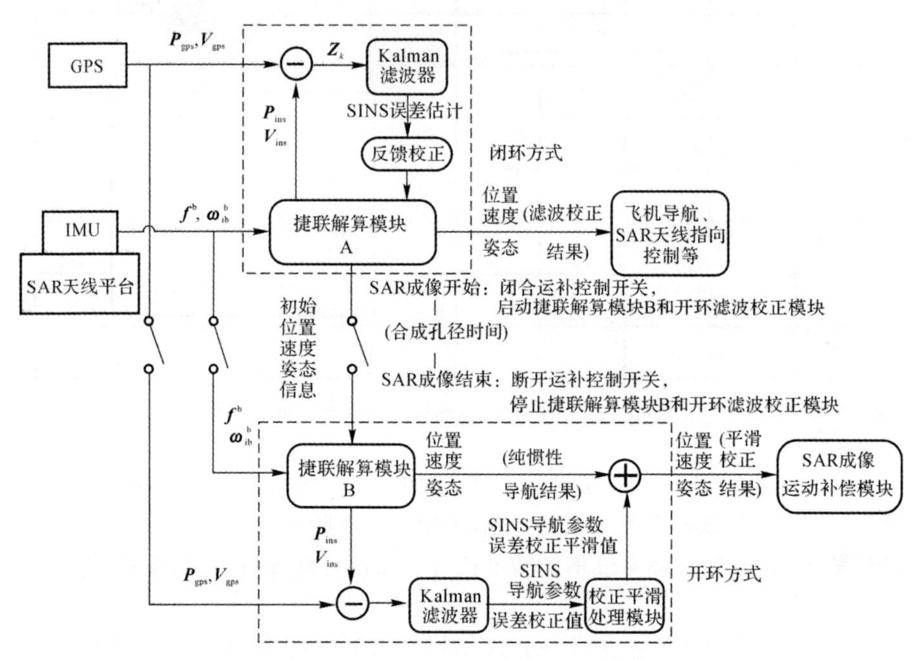

图 5-4 基于滤波校正值平滑 POS 数据处理方法的机载 SAR 运动补偿系统原理框图

当机载 SAR 未开机成像时，固连在 SAR 天线平台上的 IMU 输出加速度和角速度的原始测量信息，在捷联解算模块 A 中进行捷联惯性导航解算，得到 SAR 天线相位中心的位置、速度和姿态运动参数，然后以 GPS 测量信息为观测量通过 Kalman 滤波器对 SINS 的误差进行最优估计和闭环反馈校正，这与标准 POS 的处理机制完全相同。在此期间，图 5-4 中的运动补偿控制开关处于断开状态，即捷联解算模块 B 和校正平滑处理模块均不工作。

当机载 SAR 开机成像时，图 5-4 中的运动补偿控制开关处于闭合状态，以前一时刻 POS 的输出结果为初始信息，利用当前的 IMU 测量信息启动捷联解算模块 B，并基于 GPS 观测量信息采用 Kalman 滤波器对 SINS 误差进行最优估计，再通过校正平滑处理模块得到平滑后的 SINS 误差值估计值，最后对捷联解算模块 B 输出的 SINS 运动参数(位置、速度和姿态)进行开环误差校正。

与图 5-2 的机载 SAR 运动补偿系统相比较,提出的基于滤波校正值平滑 POS 的运动补偿方案在长合成孔径机载 SAR 应用中具有以下明显优点:①引入了 GPS 信息作为观测量,通过 Kalman 滤波器对 SINS 误差进行了最优估计并校正,这样就避免了在长合成孔径时间内 SINS 误差的累积,即在机载 SAR 运动补偿中消除了 SINS 带来的低频运动误差。②对于 Kalman 滤波器估计出的 SINS 误差值并不直接用于 SINS 运动参数的误差校正,而是通过校正平滑处理模块中的平滑算法(5.4.2 节将详细介绍)进行平滑处理后,再进行 SINS 解算结果的开环误差校正,这样就避免了由于 SINS 解算结果周期性脉冲式的误差校正带给机载 SAR 运动补偿的高频运动误差。因此,提出的基于滤波校正值平滑的 POS 数据处理方法适用于长合成孔径机载 SAR 成像的运动补偿。

5.4.2　基于样条函数的滤波校正值平滑算法

上述曾经提到,以 GPS 信息作为观测量通过 Kalman 滤波器可以得出 SINS 误差在基于最小方差意义上的最优估计值,但由于 GPS 信号高频相干测量噪声的特性对 SINS 误差估计值的影响,如果直接采用 SINS 误差估计值进行周期性的脉冲式闭环反馈校正,则对于机载 SAR 运动补偿来说必然引入了高频运动误差。因此,在提出的基于滤波校正值平滑 POS 数据处理方法的机载 SAR 运动补偿系统中增设了一个校正平滑处理模块,其采用了基于样条函数的平滑算法对 Klaman 滤波器输出的 SINS 误差校正估计值进行平滑处理。

由于机载 SAR 运动补偿系统的实时性要求,在校正平滑处理模块中采用的平滑算法必须具有方法简单易实现、运动量少和精度高的特点,因此提出的基于滤波校正值平滑的 POS 数据处理方法采用了基于样条函数的平滑算法[143],其基本原理如下。

设理想的滤波校正值可描述为函数 $\boldsymbol{f}(t)$,$t=t_1,t_2,\cdots,t_n$ 表示滤波点时刻,将实际得到的滤波校正值 $\boldsymbol{g}(t)$ 写为

$$\boldsymbol{g}(t)=\boldsymbol{f}(t)+\boldsymbol{e}(t) \tag{5.1}$$

式(5.1)中,$\boldsymbol{e}(t)$ 是随机误差(高斯白噪声过程),$E[\boldsymbol{e}(t)]=0$,$E[\boldsymbol{e}(t_i)\times \boldsymbol{e}(t_j)]=\sigma^2\delta(t_i-t_j)$。

希望通过$\{\boldsymbol{g}(t_i)\}$ 数据序列对 $\boldsymbol{f}(t)$ 进行估计,使得估计值 $\hat{\boldsymbol{f}}(t)$ 满足

$$\|\hat{\boldsymbol{f}}(t)-\boldsymbol{f}(t)\|^2=\sum_{i=1}^{n}(\hat{\boldsymbol{f}}(t_i)-\boldsymbol{f}(t_i))^2=\min \tag{5.2}$$

基于插值样条空间，将估计值 $\hat{\boldsymbol{f}}(t)$ 取为

$$\hat{\boldsymbol{f}}(t)=\sum_{i=1}^{n}\boldsymbol{g}(t_i)\{3(1-4\lambda)\Omega_3(t-t_i)-(1-6\lambda)\Omega_2^{(1/2)}(t-t_i)\} \tag{5.3}$$

式(5.3) 中，λ 为控制平滑曲线在不同样条之间变换的灵活因子；Ω 为样条函数，具体形式为

$$\left.\begin{aligned}
&\Omega_2^{(1/2)}(t)=\Omega_2(t+\frac{1}{2})+\Omega_2(t-\frac{1}{2})\\
&\Omega_k(t)=\frac{\sum\limits_{j=1}^{k+1}(-1)^j\binom{k+1}{j}\left(t+\frac{k+1}{2}-j\right)_+^k}{k!}\\
&(t-t_0)_+^k=\begin{cases}(t-t_0)^k, & t\geqslant t_0\\ 0, & t<t_0\end{cases}
\end{aligned}\right\} \tag{5.4}$$

将式(5.3) 写为矩阵形式，得

$$\begin{pmatrix}\hat{\boldsymbol{f}}(t_1)\\ \vdots\\ \hat{\boldsymbol{f}}(t_n)\end{pmatrix}=\begin{pmatrix}\Omega(1,1) & \cdots & \Omega(1,n)\\ \vdots & & \vdots\\ \Omega(n,1) & \cdots & \Omega(n,n)\end{pmatrix}\begin{pmatrix}\boldsymbol{g}(t_1)\\ \vdots\\ \boldsymbol{g}(t_n)\end{pmatrix}=\boldsymbol{A}(\lambda)\cdot\boldsymbol{g}(t) \tag{5.5}$$

式(5.5) 中，$\boldsymbol{g}=(g(t_1),\cdots,g(t_n))^{\mathrm{T}}$，$\Omega(i,j)=3(1-4\lambda)\Omega_3(i-j)-(1-6\lambda)\Omega_2^{(1/2)}(i-j)$。故 $\boldsymbol{A}(\lambda)$ 可写为

$$\boldsymbol{A}(\lambda)=\begin{pmatrix}1-2\lambda & \lambda & & \\ \lambda & 1-2\lambda & \lambda & \\ \ddots & \ddots & \ddots & \\ & \lambda & 1-2\lambda & \lambda\\ & & \lambda & 1-2\lambda\end{pmatrix} \tag{5.6}$$

令 $\tilde{\boldsymbol{f}}(t)=\hat{\boldsymbol{f}}(t)-\boldsymbol{f}(t)$ 表示滤波校正值的估计误差，希望得到一个最优的 λ 值满足式(5.2)，同样也使得 $E[\|\tilde{f}(t)\|^2]=\min$。

基于式(5.1) 和式(5.5)，可以得到 $E[\|\tilde{f}(t)\|^2]$ 的展开式为

$$\begin{aligned}
&E[\|\tilde{\boldsymbol{f}}(t)\|^2]=\\
&\qquad E[\|\boldsymbol{A}(\lambda)\cdot\boldsymbol{g}(t)-\boldsymbol{f}(t)\|^2]=\\
&\qquad E[\|\boldsymbol{A}(\lambda)\cdot(\boldsymbol{f}(t)+\boldsymbol{e}(t))-\boldsymbol{f}(t)\|^2]=
\end{aligned}$$

$$
\begin{aligned}
& E[\|(\boldsymbol{A}(\lambda)-\boldsymbol{I})\cdot\boldsymbol{f}(t)+\boldsymbol{A}(\lambda)\boldsymbol{e}(t)\|^2]= \\
& E[\|(\boldsymbol{A}(\lambda)-\boldsymbol{I})\cdot\boldsymbol{f}(t)\|^2+ \\
& \boldsymbol{f}^{\mathrm{T}}(t)(\boldsymbol{A}(\lambda)-\boldsymbol{I})^2\boldsymbol{A}(\lambda)\boldsymbol{e}(t)+ \\
& \boldsymbol{e}^{\mathrm{T}}(t)\boldsymbol{A}^{T}(\lambda)(\boldsymbol{A}(\lambda)-\boldsymbol{I})\boldsymbol{f}(t)+ \\
& \boldsymbol{e}^{\mathrm{T}}(t)\boldsymbol{A}^{T}(\lambda)\boldsymbol{A}(\lambda)\boldsymbol{e}(t)]
\end{aligned}
\tag{5.7}
$$

由于 $\boldsymbol{e}(t)$ 是高斯白噪声过程，与 $\boldsymbol{f}(t)$ 是不相关的，两者二阶矩的数学期望为 0，因此式(5.7) 可化简为

$$
E[\|\tilde{f}(t)\|^2]=\|(\boldsymbol{A}(\lambda)-\boldsymbol{I})\cdot\boldsymbol{f}(t)\|^2+\sigma^2\mathrm{trace}(\boldsymbol{A}^2(\lambda))
\tag{5.8}
$$

再次基于式(5.1) 和式(5.5)，可得 $\|\boldsymbol{g}(t)-\hat{\boldsymbol{f}}(t)\|^2$ 的数学期望为

$$
\begin{aligned}
& E[\|\boldsymbol{g}(t)-\hat{\boldsymbol{f}}(t)\|^2]= \\
& \quad E[\|(\boldsymbol{I}-\boldsymbol{A}(\lambda))\boldsymbol{g}(t)\|^2]= \\
& \quad E[\|(\boldsymbol{I}-\boldsymbol{A}(\lambda))\boldsymbol{f}(t)+(\boldsymbol{I}-\boldsymbol{A}(\lambda))\boldsymbol{e}(t)\|^2]= \\
& \quad \|(\boldsymbol{I}-\boldsymbol{A}(\lambda))\boldsymbol{f}(t)\|^2+ \\
& \quad E[\boldsymbol{f}^{\mathrm{T}}(t)(\boldsymbol{I}-\boldsymbol{A}(\lambda))^{\mathrm{T}}(\boldsymbol{I}-\boldsymbol{A}(\lambda))\boldsymbol{e}(t)]+ \\
& \quad E[\boldsymbol{e}^{\mathrm{T}}(t)(\boldsymbol{I}-\boldsymbol{A}(\lambda))^{\mathrm{T}}(\boldsymbol{I}-\boldsymbol{A}(\lambda))\boldsymbol{f}(t)]+ \\
& \quad E[\boldsymbol{e}^{\mathrm{T}}(t)(\boldsymbol{I}-\boldsymbol{A}(\lambda))^{\mathrm{T}}(\boldsymbol{I}-\boldsymbol{A}(\lambda))\boldsymbol{e}(t)]
\end{aligned}
\tag{5.9}
$$

同样由于 $\boldsymbol{e}(t)$ 是高斯白噪声过程，与 $\boldsymbol{f}(t)$ 是不相关的，两者之间二阶矩的数学期望为 0，因此式(5.9) 可化简为

$$
\begin{aligned}
& E[\|\boldsymbol{g}(t)-\hat{\boldsymbol{f}}(t)\|^2]= \\
& \quad \|(\boldsymbol{I}-\boldsymbol{A}(\lambda))\boldsymbol{f}(t)\|^2+\sigma^2\mathrm{trace}(\boldsymbol{I}-\boldsymbol{A}(\lambda))^2
\end{aligned}
\tag{5.10}
$$

将式(5.10) 带入式(5.8)，得

$$
\begin{aligned}
& E[\|\tilde{\boldsymbol{f}}(t)\|^2]=E[\|\boldsymbol{g}(t)-\hat{\boldsymbol{f}}(t)\|^2]- \\
& \quad \sigma^2\mathrm{trace}(\boldsymbol{I}-\boldsymbol{A}(\lambda))^2+\sigma^2\mathrm{trace}(\boldsymbol{A}^2(\lambda))= \\
& \quad \|(--\boldsymbol{A}(\lambda))\boldsymbol{g}(t)\|^2-\sigma^2\mathrm{trace}(\boldsymbol{I}-\boldsymbol{A}(\lambda))^2+ \\
& \quad \sigma^2\mathrm{trace}(\boldsymbol{A}^2(\lambda))
\end{aligned}
\tag{5.11}
$$

基于式(5.11)，求取使得 $E[\|\tilde{\boldsymbol{f}}(t)\|^2]=\min$ 的 λ 值，令

$$
\begin{aligned}
\frac{\partial E[\|\tilde{\boldsymbol{f}}(t)\|^2]}{\partial\lambda} &= 2\boldsymbol{g}^{\mathrm{T}}(t)(\boldsymbol{I}-\boldsymbol{A}^{\mathrm{T}}(\lambda))\frac{\partial\boldsymbol{A}(\lambda)}{\partial\lambda}\boldsymbol{g}(t)+ \\
& \quad 2\sigma^2\mathrm{trace}\left[(\boldsymbol{I}-\boldsymbol{A}(\lambda))\frac{\partial\boldsymbol{A}(\lambda)}{\partial\lambda}\right]+ \\
& \quad 2\sigma^2\mathrm{trace}\left[\boldsymbol{A}(\lambda)\frac{\partial\boldsymbol{A}(\lambda)}{\partial\lambda}\right]=0
\end{aligned}
\tag{5.12}
$$

即得

$$\hat{\lambda}=\frac{2n\sigma^{2}}{5(\boldsymbol{g}^{2}(t_{1})+\boldsymbol{g}^{2}(t_{n}))+6\sum_{i=2}^{n-1}\boldsymbol{g}^{2}(t_{i})-8\sum_{i=0}^{n-1}\boldsymbol{g}(t_{i})\boldsymbol{g}(t_{i+1})+2\sum_{i=1}^{n-2}\boldsymbol{g}(t_{i})\boldsymbol{g}(t_{i+2})} \tag{5.13}$$

再通过式(5.3)就可得到基于样条函数的平滑处理后的滤波校正值 $\hat{\boldsymbol{f}}(t)$。

5.5 飞行实验及结果分析

为了验证提出的基于滤波校正值平滑 POS 数据处理方法在实际应用中的效果，进行了 POS 与机载 SAR 联合飞行实验。飞行实验数据采用离线的方式，按照实时数据处理流程对 POS 和 SAR 数据进行了处理。

5.5.1 实验硬件配置

飞行实验采用的硬件系统为北航研制的高精度激光 POS(TX - L20 - A2)，实验载机为运-5 型飞机，如图 5 - 5 和图 5 - 6 所示。其中，POS 的 IMU 与合作载荷单位研制的高分辨率机载 SAR 天线底座刚性固连，并由一个伺服机构控制 SAR 天线的指向。POS(TX - L20 - A2)的技术参数指标见表 5 - 1。

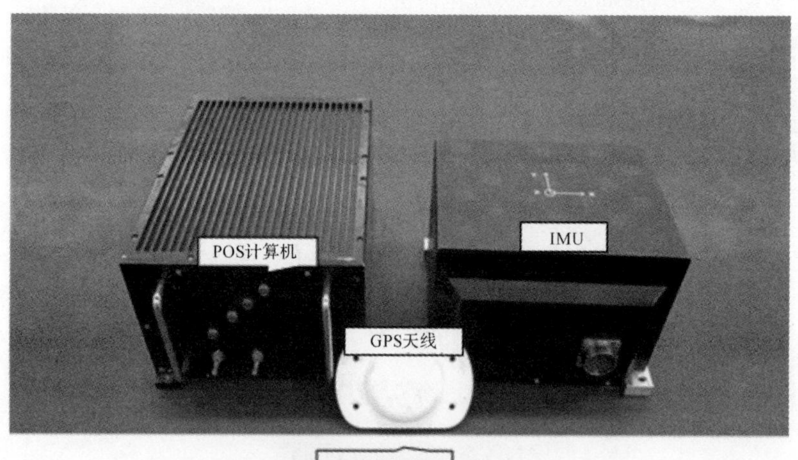

图 5 - 5 POS(TX - L20 - A2)

图 5-6　运-5 型飞机

表 5-1　POS(TX-L20-A2)技术参数指标

传感器	参　数	精度指标
IMU	输出频率	100 Hz
	陀螺零漂重复性	$<0.01°/\mathrm{h}\ (1\sigma)$
	陀螺零漂稳定性	$<0.01°/\mathrm{h}\ (1\sigma)$
	加速度计零偏重复性	$<5\times10^{-5}g\ (1\sigma)$
	加速度计零偏稳定性	$<5\times10^{-5}g\ (1\sigma)$
DGPS	输出频率	10 Hz
	位置测量精度	0.15 m (RMS)
	速度测量精度	0.03 m/s (RMS)
POS	输出频率	100 Hz
	位置测量精度	0.05 m (RMS)
	速度测量精度	0.03 m/s (RMS)
	航向精度	0.005°(RMS)
	横滚 & 俯仰精度	0.002 5°(RMS)

5.5.2 实验方案设计

整个飞行实验耗时 5 h,飞行轨迹如图 5-7 所示。选取某次 SAR 成像时间段的 POS 和 SAR 数据,用于验证提出的基于滤波校正值平滑 POS 数据处理方法的有效性,该次 SAR 成像段的时间长度为 268 s(约 4.5 min),在图 5-7 中用虚线表示。

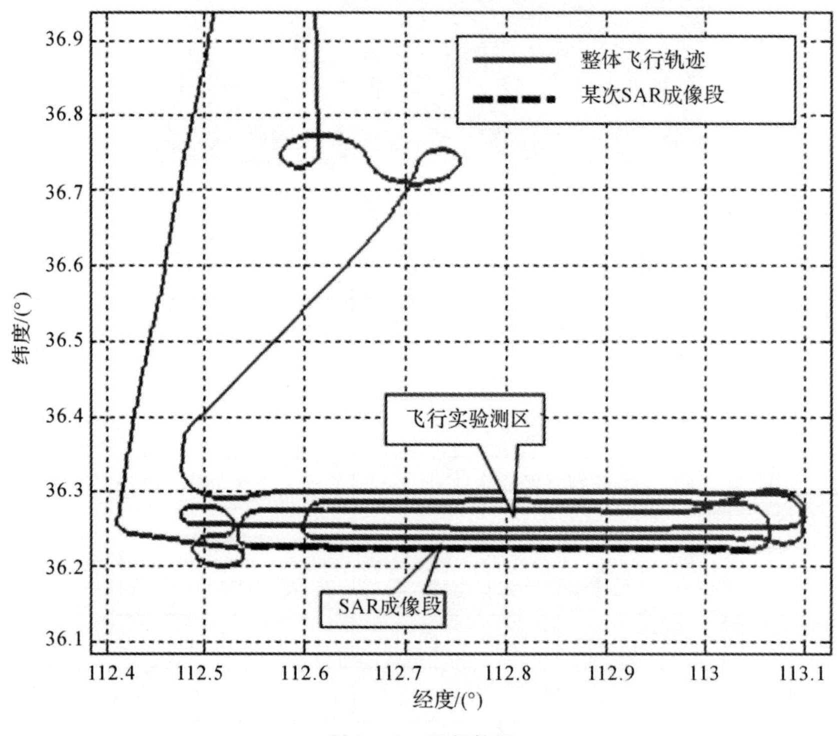

图 5-7 飞行轨迹

5.5.3 实验数据处理流程及结果分析

首先,对 SAR 成像时间段的 POS 原始测量数据分别采用 3 种方法进行处理:①纯捷联解算方法(见图 5-2 所示的运动补偿方案[152]);②以 GPS 为观测信息的 Kalman 滤波误差估计与反馈校正方法;③基于滤波校正值平滑的方法(提出的图 5-4 所示的运动补偿方案)。将这 3 种方法计算出的 POS 结果进行比较分析,结果如图 5-8～图 5-21 所示。

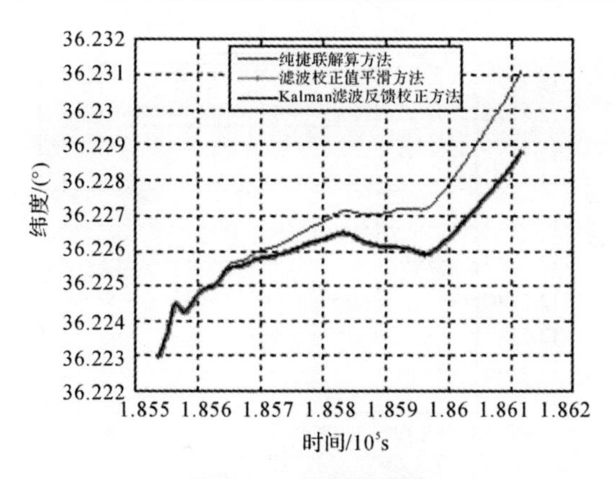

图 5－8　纬度曲线图

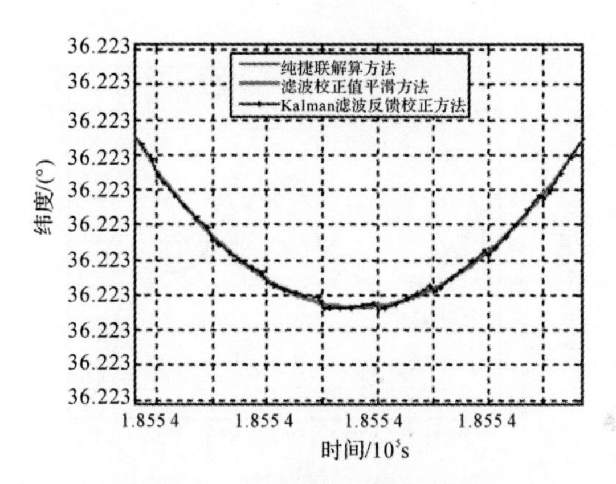

图 5－9　纬度曲线图局部放大

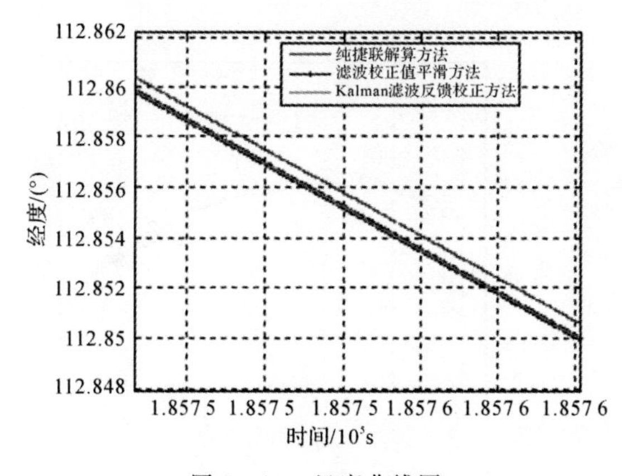

图 5－10　经度曲线图

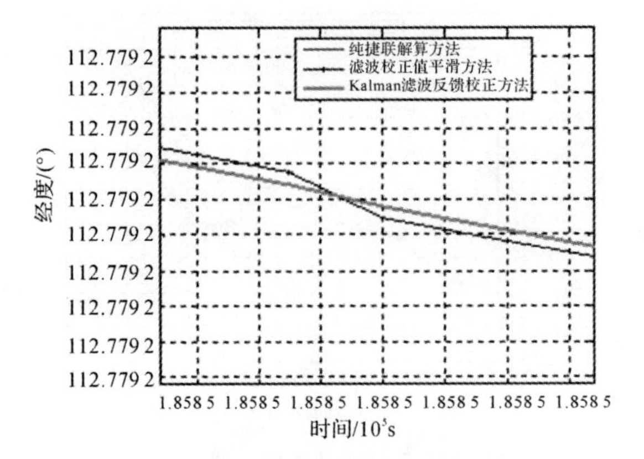

图 5-11　经度曲线图局部放大

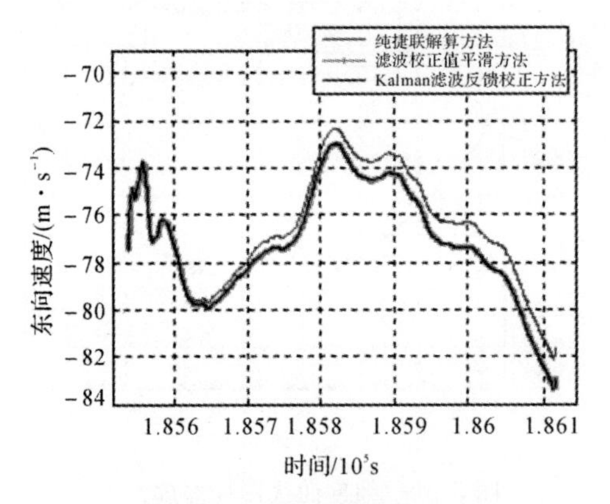

图 5-12　东向速度曲线图

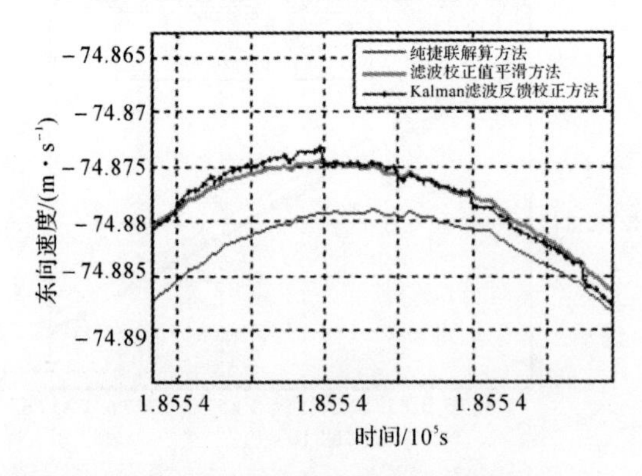

图 5-13　东向速度曲线图局部放大

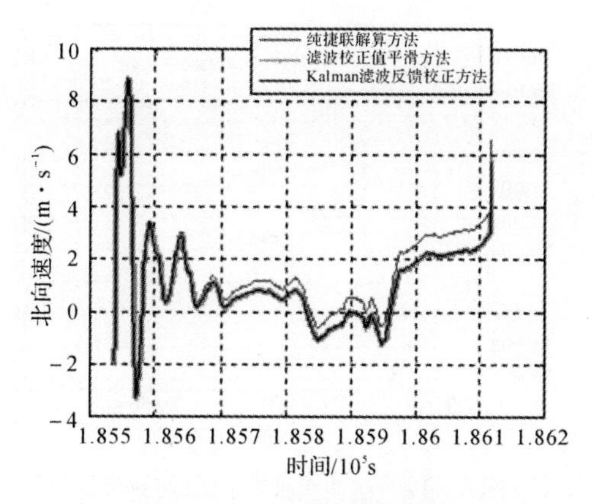

图 5-14　北向速度曲线图

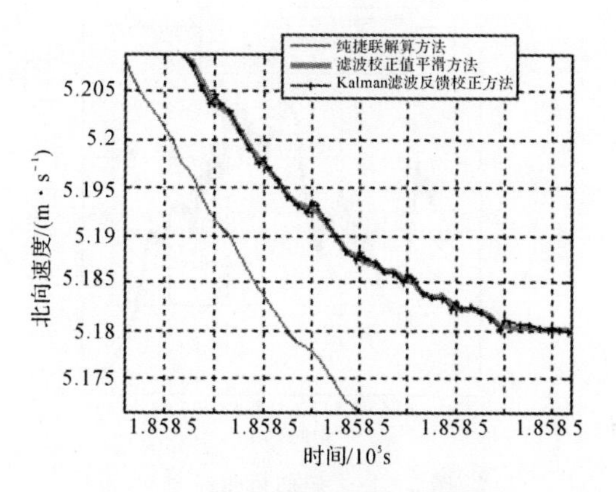

图 5-15　北向速度曲线图局部放大

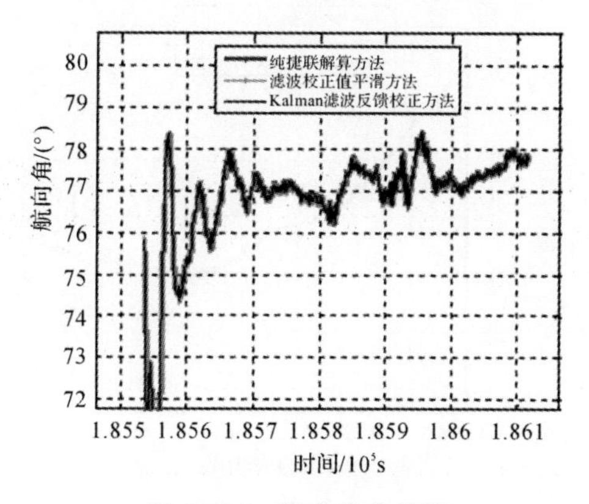

图 5-16　航向角曲线图

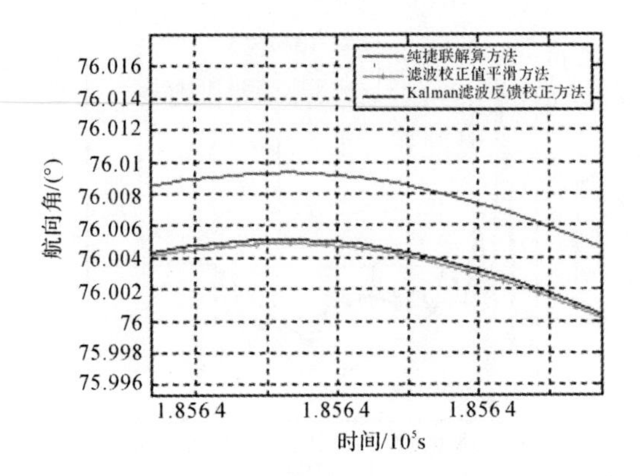

图 5－17　航向角曲线图局部放大

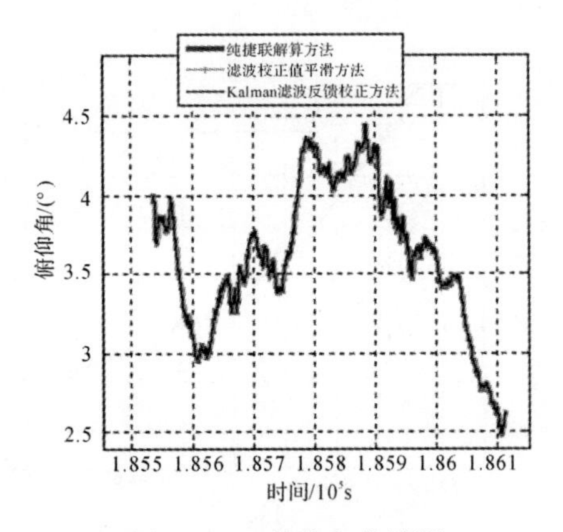

图 5－18　俯仰角曲线图

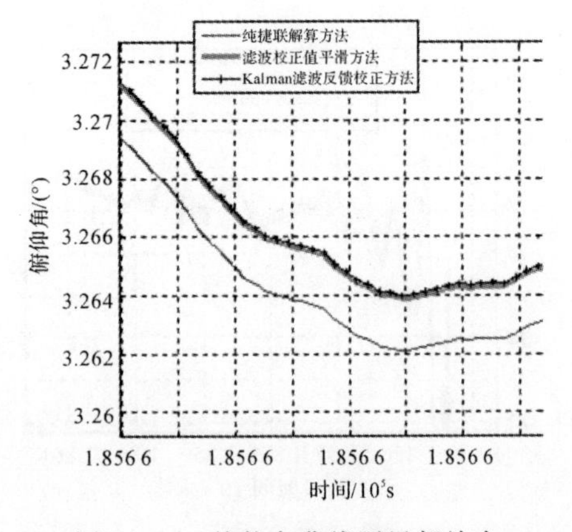

图 5－19　俯仰角曲线图局部放大

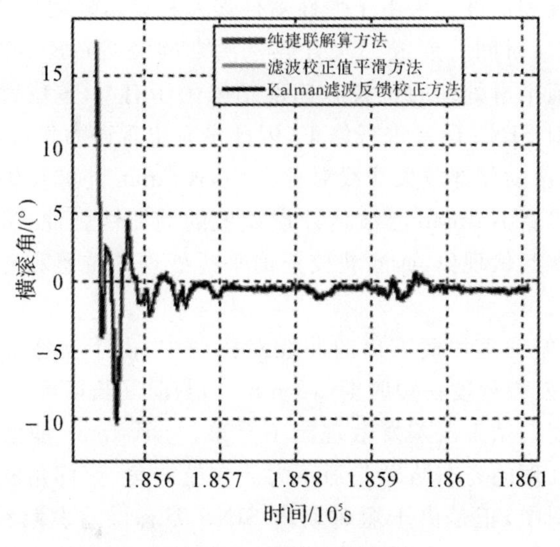

图 5-20　横滚角曲线图

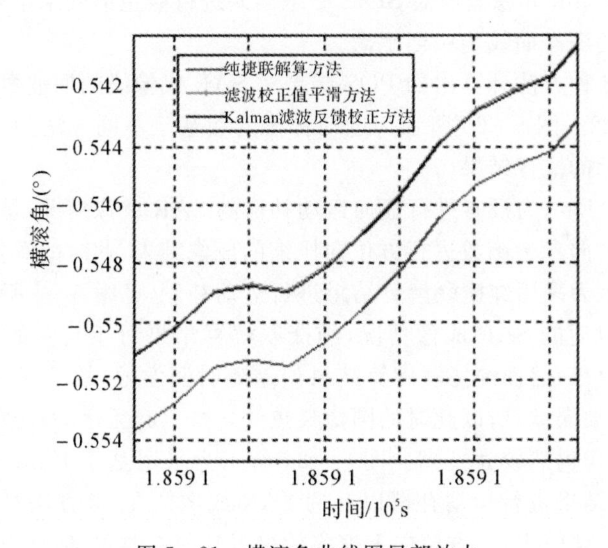

图 5-21　横滚角曲线图局部放大

图 5-8～图 5-21 给出了基于上述 3 种处理方法的 POS 解算结果曲线对比图(分别有纬度曲线、经度曲线、东向速度曲线、北向速度曲线、航向角曲线、俯仰角曲线和横滚角曲线，由于纯捷联解算中高度通道发散，因此没有给出高度通道的结果对比曲线)。在纬度、经度、东速和北速的曲线对比图中，纯

捷联解算的位置和速度结果由于惯性器件误差积累出现明显的误差发散现象(误差发散程度与时间长度成二次方或三次方的关系);Kalman 滤波反馈校正和滤波校正值平滑处理的位置和速度结果由于有 GPS 位置和速度信息作为外部观测量对 SINS 误差进行修正,因此没有出现误差发散现象。在纬度、经度、东速和北速的局部放大曲线对比图中,Kalman 滤波反馈校正的位置和速度结果由于受到 Kalman 滤波估计误差值的周期性脉冲式修正,解算结果明显出现锯齿状起伏现象,而滤波校正值平滑处理的位置和速度结果则较为平滑。

在航向角、俯仰角和横滚角的曲线对比图中,由于惯性器件误差造成的 SINS 姿态误差发散程度在短时期(10 min)内与时间长度可视为线性关系,故纯捷联解算的姿态结果误差发散现象不严重,与 Kalman 滤波反馈校正和滤波校正值平滑处理的姿态结果差别不大。在航向角、俯仰角和横滚角的局部放大曲线对比图中,正是由于短时期内 SINS 姿态误差发散程度不大(SINS 姿态误差相对较小),因此 Kalman 滤波反馈校正和滤波校正值平滑处理的姿态结果受到 Kalman 滤波器对 SINS 姿态误差进行修正的效果不是特别明显,故两个结果的姿态曲线均相当平滑。

用上述 3 种方法计算出的 POS 结果对 SAR 成像段的回波数据进行运动补偿,图 5-22～图 5-25 所示为运动补偿前和基于不同方法的 POS 结果进行运动补偿后的成像结果。

图 5-22 所示为没有进行任何运动补偿的 SAR 成像情况,是直接用理想地速构造方位向参考函数进行方位向压缩的成像结果,此时的图像非常模糊。图 5-23 所示为采用纯捷联解算结果进行运动补偿(见图 5-2 所示的运动补偿方案[142])以后的 SAR 成像情况,纯捷联解算结果对于高频的运动误差有较好的补偿效果,然而纯捷联解算结果误差随时间发散,故不能补偿低频(线性或二次)运动误差,所以此时的图像聚焦效果虽比起无运动补偿的情况有一定改善,但图像仍然较为模糊。图 5-24 所示为采用基于 Kalman 滤波反馈校正的 POS 结果进行运动补偿以后的 SAR 成像情况,该方法对低频运动误差有很好的补偿效果,在方位向上聚焦效果得到很大改善,但是由于其周期性脉冲式修正的特点,因而在运动补偿中引入了高频噪声,使得 SAR 成像质量仍不十分理想,明显之处在图 5-24 中用虚线圈表示,以方便对比。图 5-25 所示为采用基于滤波校正值平滑处理的 POS 结果进行运动补偿以后的 SAR 成像情况,提出的这种方法对低频运动误差和高频运动误差均有很好的补偿效果,很大程度上提高了成像效果,相比较于其他方法,基于滤波校正值平滑

处理的运动补偿方法的 SAR 图像效果是最好和最清晰的，图 5 - 25 中虚线圈提示之处用于方便对比。

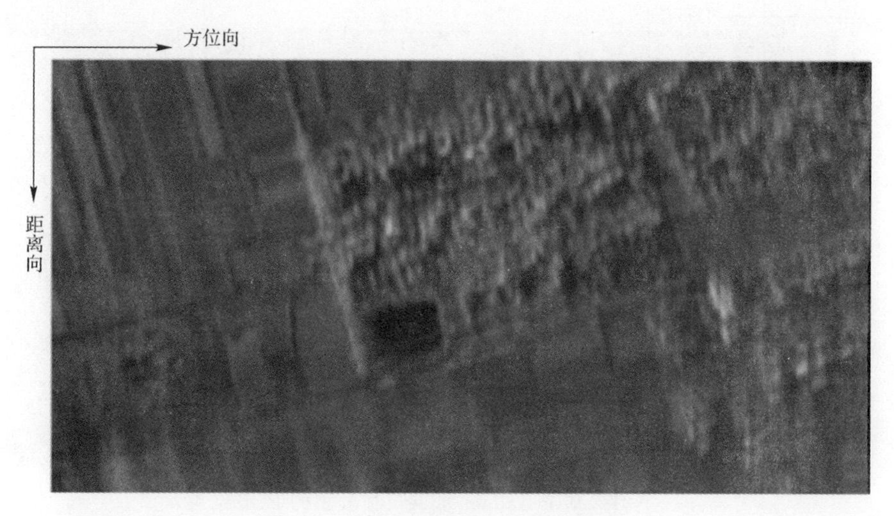

图 5 - 22　运动补偿前的 SAR 成像图

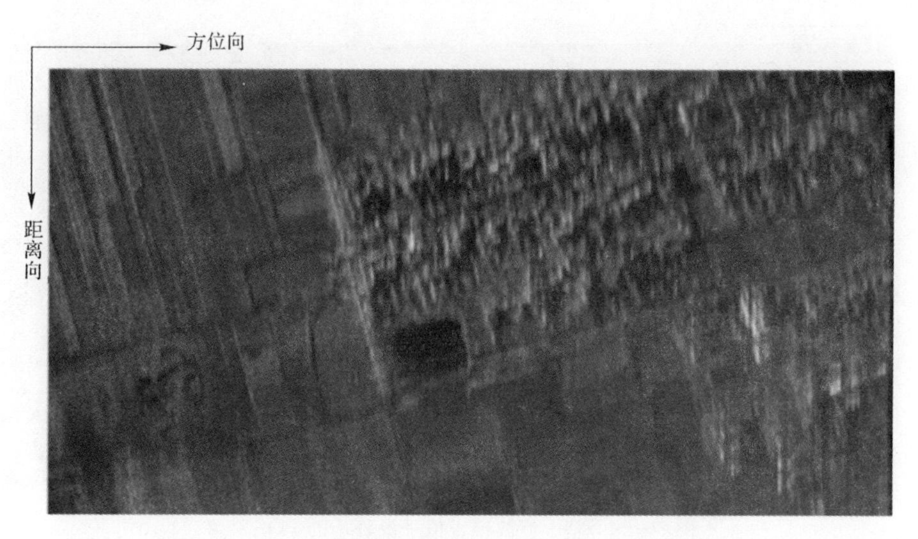

图 5 - 23　基于纯捷联解算结果运动补偿后的 SAR 成像图

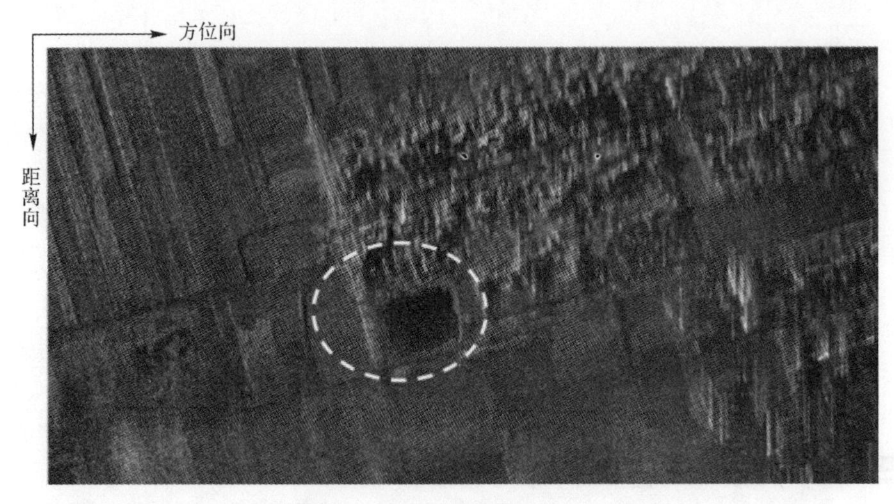

图 5-24　基于 Kalman 滤波反馈校正的 POS 结果运动补偿后的 SAR 成像图

图 5-25　基于滤波校正值平滑处理的 POS 结果运动补偿后的 SAR 成像图

5.6　本章小结

本章提出了一种适用于长合成孔径机载 SAR 运动补偿的基于滤波校正值平滑的 POS 数据处理方法，通过采用基于样条函数的平滑算法对 Kalman 滤波估计误差值进行平滑处理，最终得到的 POS 结果对机载 SAR 的低频和高频运动误差都有很好的补偿效果，满足了长合成孔径高分辨率机载 SAR 成像的运动补偿要求。

参考文献

[1] 梅安新，彭望禄，秦其明，等. 遥感导论[M]. 北京：高等教育出版社，2001.

[2] TOTH C K. Sensor integration in airborne mapping[J]. IEEE Transactions on Instrumentation and Measurement，2002，51(6)：1367 - 1373.

[3] 中科院对地观测中心. 航空遥感系统的发展[EB/OL]. http://www.ceode.ac.cn. 2008.

[4] 国家遥感中心. 我国地理空间信息技术 20 年来发展与现状研究报告[R]. 北京：国家遥感中心，2003.

[5] HEROLD M，SCHMULLIUS C C，WOODCOCK C E，et al. Land-Cover Observations as Part of a Global Earth Observation System of Systems (GEOSS)：Progress，Activities，and Prospects[J]. IEEE Systems Journal，2008，2(3)：414 - 423.

[6] 安培浚，高峰，曲建升. 对地观测系统未来发展趋势及其技术需求[J]. 遥感技术与应用，2007，22(6)：762 - 767.

[7] LAUTENBACHER C C. The Global Earth Observation System of Systems (GEOSS)[J]. Local to Global Data Interoperability - Challenges and Technologies，2005，13(1)：47 - 50.

[8] 冯筠，高峰，黄新宇. 构建天地一体化的全球对地观测系统——三次国际地球观测峰会与 GEOSS[J]. 地球科学进展，2005，20(12)：1327 -1333.

[9] MACEDO K A C，SCHEIBER R，MOREIRA A. An autofocus approach for residual motion errors with application to airborne repeat - pass SAR interferometry[J]. IEEE Transactions on Geoscience and Remote Sensing，2008，46(10)：3151 - 3162.

[10] PRATS P，SCHEIBER R，REIGBER A，et al. Estimation of the surface velocity field of the Aletsch glacier using multibaseline airborne

SAR interferometry[J].IEEE Transactions on Geoscience and Remote Sensing, 2009, 47(2): 419-430.

[11] LANARI R, AMOREIRA J R. Motion Error Determination from the Signum-Coded SAR Raw Data[J]. IEEE Transactions on Geoscience and Remote Sensing, 1993, 31(4): 907-913.

[12] RIGLING B D, MOSES R L. Motion Measurement Errors and Autofocus in Bistatic SAR[J]. IEEE Transactions on Image Processing, 2006, 15(4): 1008-1016.

[13] PEDLAR D N, COE D J. Target Geolocation Using SAR[J].Proceedings of IEE Radar, Sonar, and Navigation, 2005, 152(1): 35-42.

[14] ZHANG Y, XIONG X, ZHENG M, et al. LiDAR Strip Adjustment Using Multifeatures Matched With Aerial Images[J]. IEEE Transactions on Geoscience and Remote Sensing, 2015, 53(2):976-987.

[15] BURMAN H. Calibration and orientation of airborne image and laser scanner data using GPS and INS[D]. Stockholm: Royal Institute of Technology, 2000.

[16] 王静. 机载气象雷达运动补偿算法的理论研究[D]. 北京：北京邮电大学，2009.

[17] FANG Jiancheng, YANG Sheng. Study on Innovation Adaptive EKF for In-Flight Alignment of Airborne POS[J]. IEEE Transactions on Instrumentation and Measurement, 2011, 60(4): 1378-1388.

[18] FANG Jiancheng, GONG Xiaolin. Predictive Iterated Kalman Filter for INS/GPS Integration and Its Application to SAR Motion Compensation [J]. IEEE Transactions on Instrumentation and Measurement, 2010, 59(4): 909-915.

[19] 杨胜. 小型高精度机载位置姿态测量系统关键技术及实验研究[D]. 北京：北京航空航天大学，2010.

[20] MOSTAFA M M R, HUTTON J. Direct positioning and orientation systems how do they work? What is the attainable accuracy? [C]// American Society of Photogrammetry and Remote Sensing Annual Meeting. [S.l.:s.n.], 2001: 1-11.

[21] 宫晓琳. 机载对地观测成像用 SINS/GPS 组合滤波方法及试验研究[D].

北京：北京航空航天大学，2009.
[22] GREJNER - BRZEZINSKA D A, WANG J. Gravity Modeling for High-Accuracy GPS/INS Integration[J]. Navigation, 1998, 45(3): 209 - 220.
[23] MOSTAFA M, HUTTON J, LITHOPOULOS E. Airborne Direct Georeferencing of Frame Imagery: An Error Budget[C]//The 3rd International Symposium on Mobile Mapping Technology. Cairo: ISPRS, 2001: 1 - 12.
[24] BULLOCK R J, VOLES R, CURRIE A, et al. Estimation and Correction of Roll Errors in Dual Antenna Interferometric SAR[J]. Radar, 1997, 20(3): 253 - 257.
[25] POSAV Specifications[EB/OL]. http://www.applanix.com/media/downloads/products/ specs/POSAV%20Specs.pdf.
[26] IPAS20 Brochure[EB/OL]. http://www.leica geosystems.com/common/shared/downloads/inc/downloader.asp? id=6565,2008 - 04 -30.
[27] AEROcontrol Brochure [EB/OL]. http://ecoyote.com/aerocontrol.htm.
[28] 刘百奇. 机载高分辨率实时 SAR 运动补偿用 SINS/GPS 组合导航系统技术研究[D]. 北京：北京航空航天大学，2008.
[29] 韩晓英. 高精度机载光纤陀螺 POS 误差补偿与对准方法及实验研究[D]. 北京：北京航空航天大学，2013.
[30] 康泰钟. 惯性/卫星组合导航系统高精度快速抗扰动初始对准方法研究[D]. 北京：北京航空航天大学，2013.
[31] KANG Taizhong, FANG Jiancheng. Quaternion-Optimization-Based In-Flight Alignment Approach for Airborne POS [J]. IEEE Transactions on Instrumentation and Measurement, 2012, 61(11): 3916 - 2923.
[32] KANG Taizhong, FANG Jiancheng. In-Flight Calibration Approach Based on Quaternion Optimization for POS Used in Airborne Remote Sensing[J]. IEEE Transactions on Instrumentation and Measurement, 2013, 62(11): 2882 - 2889.
[33] LI Jianli, FANG Jiancheng. Kinetics and Design of a Mechanically

Dithered Ring Laser Gyroscope Position and Orientation System [J]. IEEE Transactions on Instrumentation and Measurement, 2013, 62(1): 210 - 220.

[34] LI Jianli, JIAO Feng, FANG Jiancheng.Integrated Calibration Method for Dithered RLG POS Using a Hybrid Analytic/Kalman Filter Approach[J]. IEEE Transactions on Instrumentation and Measurement, 2013, 62(12): 3333 - 3342.

[35] LI Jianli, JIAO Feng, FANG Jiancheng.Temperature Error Modeling of RLG Based on Neural Network Optimized by PSO and Regularization[J]. IEEE Sensors Journal, 2014, 14(3): 912 - 919.

[36] LI Jianli, FANG Jiancheng. Error Analysis and Gyro-Bias Calibration of Analytic Coarse Alignment for Airborne POS [J]. IEEE Transactions on Instrumentation and Measurement, 2012, 61(11): 3058 -3064.

[37] SHEN X, ZHANG Y, LU X, et al. An Improved Method for Transforming GPS/INS Attitude to National Map Projection Frame[J]. IEEE Geoscience and Remote Sensing Letters,2015, 12(6):1302 - 1306.

[38] CHEN L, FANG J. A Hybrid Prediction Method for Bridging GPS Outages in High-Precision POS Application[J]. IEEE Transactions on Instrumentation and Measurement,2014, 63(6):1656 - 1665.

[39] KNUDSON L. Performance Accuracy (Truth Model/Error Buget) Analysis for the LN-93 Inertial Navigation Unit [R]. Technical Report, Litton Guidance and Control Systems, January 1985. DID No. EI - S - 21433 B/T:CDRL No. 1002.

[40] LEWANTOWICZ Z H, DANNY W K. Graceful Degradation of GPS/INS Performance with Fewer Than Four Satellites [C]. The institute of Navigation, National Technical Meeting, Jan, 1991: 269 - 276.

[41] EVANS C D, RIGGINS R. The design and analysis of integrated navigation systems using real INS and GPS data[C]. NAECON: Aerospace and Electronics Conference, 1995: 154 - 160.

[42] GREWAL M S, WEILL L R, ANDREWS A P. Global positioning systems, inertial navigation, and integration [M]. New York: John

Wiley，2001.

[43] Inertial Explorer Manual [EB/OL]. http://www.novatel.com/support/info/documents.

[44] ERIK L. The Applanix Approach to GPS/INS Integration[C]// Photogrammetric Week 1999, Heidelberg, 1999：53 - 57.

[45] MOSTAFA M, HUTTON J, REID B. GPS/IMU products — the Applanix approach [C]// Photogrammetric Week 2001, Heidelberg, 2001：63 - 83.

[46] 邱宏波，周章华，李延. 光纤捷联惯导系统高阶误差模型的建立与分析[J]. 中国惯性技术学报，2007，15(5)：530 - 535.

[47] 孙红星，袁修孝，付建红. 航空遥感中基于高阶 INS 误差模型的 GPS/INS 组合定位定向方法[J]. 测绘学报，2010，39(1)：28 - 33.

[48] TITTERTON D H, WESTON J L. Strapdown Inertial Navigation Technology [M]. Hertfordshire：The Institution of Electrical Engineers，2004.

[49] GREWAL M S, ANDREWS A P, BARTONE C G. Global navigation satellite systems, inertial navigation, and integration[M]. Hoboken, New Jersey：John Wiley & Sons，2013.

[50] SAVAGE P G. Strapdown inertial navigation integration algorithm design Part 1：Attitude algorithms[J]. Journal of Guidance, Control, and Dynamics，1998，21(1)：19 - 28.

[51] 以光衢. 惯性导航原理[M]. 北京：航空工业出版社，1987.

[52] GELB A, KASPER J F, NASH R A, et al. Applied Optimal Estimation[M]. Cambridge, Massachusetts：MIT Press，1974.

[53] 秦永元，张洪钺，汪叔华. 卡尔曼滤波与组合导航原理[M]. 西安：西北工业大学出版社，1998.

[54] ZARCHAN P, MUSOFF H. Fundamentals of Kalman Filtering：A Practical Approach[M]. Reston：AIAA，2009.

[55] KASPER J F. A second - order Markov gravity anomaly model[J]. Journal of Geophysical Research, Part B：Solid Earth，1971，76(32)：7844 - 7849.

[56] JORDAN S K. Self - Consistent Statistical Models for the Gravity

Anomaly, Vertical Deflections, and Undulation of the Geoid[J]. Journal of Geophysical Research, Part B: Solid Earth, 1972, 77(20): 3660 - 3670.

[57] SCHWARZ K P. Gravity Induced Position Errors in Airborne Inertial Navigation [R]. Report, Department of Geodetic Science and Surveying, University, 1981, No.326.

[58] EISSFELLER B. Shaping filter design for the anomalous gravity field by means of spectral factorization[J]. Manuscripts Geodaetica, 1989, 14: 183 - 192.

[59] JORDAN S K. Establishing requirements for gravity surveys for very accurate inertial navigation[J]. Deep Sea Research, Part B: Oceanographic Literature Review, 1987, 34(11): 1005 - 1006.

[60] THONG N C. Gravity Field Modelling for INS[C]. International Association of Geodesy Symposia, Alberta, Canada, 1991, 107: 523 -532.

[61] LI Jintao, FANG Jiancheng. Sliding Average Allan Variance for Inertial Sensor Stochastic Error Analysis[J]. IEEE Transactions on Instrumentation and Measurement, 2013, 62(12): 3291 - 3300.

[62] LI Jintao, FANG Jiancheng. Not Fully Overlapping Allan Variance and Total Variance for Inertial Sensor Stochastic Error Analysis[J]. IEEE Transactions on Instrumentation and Measurement, 2013, 62(10): 2659 - 2672.

[63] 张延顺,房建成. 小型动调陀螺随机误差建模与滤波方法研究[J]. 仪器仪表学报, 2007, 28(7): 1286 - 1289.

[64] 杨国梁,王玮,徐烨烽,等. 旋转调制式激光捷联惯导安装误差分析与标定[J]. 仪器仪表学报, 2011, 32(2): 302 - 308.

[65] Institute of Electrical and Electronics Engineers. IEEE Std 952: IEEE Standard Specification Format Guide and Test Procedure for Single-Axis Interferometric Fiber Optic Gyros[S].New York: IEEE, 1998.

[66] 徐清雷,韩冰,邓正隆. 激光陀螺捷联惯性组合的全温度标定方法[J]. 中国惯性技术学报, 2004, 12(16): 4 - 12.

[67] HAN Songlai, WANG Jinling. Quantization and Colored Noises Error Modeling for Inertial Sensors for GPS/INS Integration[J]. IEEE

Sensors Journal，2011，11(6)：1493－1503.

[68] TAMARU N，SATO H，TOKUMITSU M. Novel Estimation Method of Current State Variables for Time Delay System Using a Kalman Filter with Dual Models-Influence of Modeling Error [C]. IEEE Industrial Electronics Society，Nagoya，Japan，2000，2：789 -794.

[69] 孔星炜，郭美凤，董景新. 捷联惯导快速传递对准的可观测性与机动方案[J]. 清华大学学报(自然科学版)，2010，50(2)：232－236.

[70] 房建成，周锐，祝世平. 捷联惯导系统动基座对准的可观测性分析[J]. 北京航空航天大学学报，1999，25(6)：714－719.

[71] 吴海仙，俞文伯，房建成. 高空长航时无人机 SINS/CNS 组合导航系统仿真研究[J]. 航空学报，2006，27(2)：299－304.

[72] 万德钧，房建成. 惯性导航初始对准[M]. 南京：东南大学出版社，1998.

[73] 邹维宝，高社生，任思聪. 组合导航系统 INS/GNSS/SAR 及其降阶模型性能的研究[J]. 控制理论与应用，2002，19(1)：135－138.

[74] GREJNER-BRZEZINSKA D A，WANG J. Gravity Modeling for High-Accuracy GPS/INS Integration [J]. Navigation，1998，45(3)：209－220.

[75] CHAPIN D. Gravity instruments：Past，present，future[J]. The Leading Edge，1998，17(1)：100－112.

[76] KWON J H，JEKELI C. The effect of stochastic gravity models in airborne vector gravimetry[J]. Geophysics，2002，67(3)：770－776.

[77] BRUTON A M. Improving the Accuracy and Resolution of SINS/DGPS Airborne Gravimetry [D]. Calgary：University of Calgary，2000.

[78] SAMEH N，KLAUS－PETER S. Modeling Inertial Sensor Errors Using Autoregressive (AR) Models[J]. Navigation，2004，51(4)：259－268.

[79] HSU Hanwen，LIU Chimin. Autoregressive Modeling of Temporal/Spectral Envelopes With Finite-Length Discrete Trigonometric Transforms[J]. IEEE Transactions on Signal Processing，2010，58(7)：3692－3075.

[80] YU Chengpu，ZHANG Cishen，XIE Lihua. Blind Identification of Multi-Channel ARMA Models Based on Second－Order Statistics[J].

IEEE Transactions on Signal Processing, 2012, 60(8): 4415 - 4420.
[81] TAMBURELLO P, MILI L. Robustness Analysis of the Phase - Phase Correlator to White Impulsive Noise With Applications to Autoregressive Modeling[J]. IEEE Transactions on Signal Processing, 2012, 60 (11): 6053 - 6057.
[82] GEORGE M. Gravity modeling in aerospace applications[J]. Aerospace Science and Technology, 2009, 13(6): 301 - 315.
[83] KOPCHA P D. NGA Gravity Support for Inertial Navigation[C]. 60th Annual Meeting of the Institute of Navigation, Dayton, Ohio, USA, 2004: 497 - 504.
[84] KRIEGSMAN B A, MAHAR K B. Gravity-Model Errors in Mobile Inertial-Navigation Systems[J]. Journal of Guidance, Control and Dynamics, 1986, 9(3): 312 - 318.
[85] KWON J H. Gravity Compensation Methods for Precision INS[C]. 60th Annual Meeting of the Institute of Navigation, Dayton, Ohio, USA, 2004: 483 - 490.
[86] NASH R A. Effect of Vertical Deflections and Ocean Currents on a Maneuvering Ship [J]. IEEE Transactions on Aerospace and Electronic Systems, 1968, 4(5): 719 - 727.
[87] BERNSTEIN U, HESS R I. The Effects of Vertical Deflections on Aircraft Inertial Navigation Systems[J]. American Institute of Aeronautics and Astronautics, 1976, 14(10): 1377 - 1381.
[88] MORITZ H. Least - square Collocation as a Gravitational Inverse Problem[J]. British Journal of Dermatology, 1976,42(7): 320 - 323.
[89] SHAW L, PAUL I, HENRIKSON P. Statistical Models for the Vertical Deflection from Gravity-Anomaly Models [J]. Journal of Geophysical Research, Part B: Solid Earth, 1969, 74 (17): 4259 - 4265.
[90] NASH R. The estimation and control of terrestrial inertial navigation system errors due to vertical deflections[J]. IEEE Transaction on Automatic Control, 1968, 13(4): 329 - 338 .
[91] TSCHERNING C C. Closed covariance expressions for gravity anomalies,

geoid undulations, and deflections of the vertical implied by anomaly degree variance models[R]. Columbus: Scientific Interim Report Ohio State Univ., 1974.

[92] FORSBERG R. A Study of Terrain Reductions, Density Anomalies and Geophysical Inversion Methods in Gravity Field Modelling[R]. Berlin: Springer, 1984.

[93] JEKELI C. Inertial Navigation Systems with Geodetic Applications [M].Berlin: Walter de Gruyter, 2001.

[94] GREJNER-BRZEZINSKA D A, TOTH C. On Improving Navigation Accuracy of GPS/INS Systems [J]. Navigation, 2005, 71 (4): 377-389.

[95] KWON J H. Gravity Compensation Methods for Precision INS[C]. 60th Annual Meeting of the Institute of Navigation, Dayton, Ohio, USA , 2004: 483-490.

[96] KWON J H, JEKELI C. The effect of stochastic gravity models in airborne vector gravimetry [J]. Geophysics, 2002, 67(3): 770-776.

[97] GEORGE M. Gravity modeling in aerospace applications[J]. Aerospace Science and Technology, 2009, 13(6): 301-315.

[98] 董绪荣，宁津生. 惯性定位中扰动重力矢量的影响[J]. 中国惯性技术学报，1991(2): 50-55.

[99] 李卓，闫海蛟. 中国海及领域重力异常的惯性系统误差分析[J]. 青岛大学学报，2004，17(3): 20-25.

[100] 陈永冰，边少锋. 重力异常对平台式惯性导航系统误差的影响分析[J]. 中国惯性技术学报,2005，31(6): 21-25.

[101] 李斐，束蝉方. 高精度惯性导航系统对重力场模型的要求[J]. 武汉大学学报(信息科学版)，2006，32(2): 508-511.

[102] 吴太旗，边少锋. 重力场对惯性导航定位误差影响研究与仿真[J]. 测绘科学技术学报，2006，23(5): 341-344.

[103] 金际航，边少锋. 重力扰动对惯性导航系统的位置误差影响分析[J]. 武汉大学学报(信息科学版)，2010，35(1): 30-32.

[104] TITTERTON D H, WESTON J L. Strapdown Inertial Navigation Technology[M]. UK: Herts, 2004.

[105] JEKELI C. Airborne vector gravimetry using precise, position-aided inertial measurement units[J]. Bulletin Geodesique, 1994, 69(1): 1-11.

[106] KHOT L R, TANG L. Time Series Forecasting Energy-efficient Organization of Wireless Sensor Networks [J]. Sensors, 2007, 7(9): 1766-1792.

[107] DU Lan, LIU Hongwei. Radar HRRP Statistical Recognition: Parametric Model and Model Selection[J]. IEEE Transactions on Signal Processing, 2008, 56(5): 1931-1943.

[108] NADLER B. Nonparametric Detection of Signals by Information Theoretic Criteria: Performance Analysis and an Improved Estimator[J]. IEEE Transactions on Signal Processing, 2010, 58(5): 2746-2756.

[109] CHIANG K W. Multisensor integration using neuron computing for land-vehicle navigation[J]. GPS Solutions, 2003, 6(4): 209-218.

[110] SHARAF R, NOURELDIN A. Online INS/GPS Integration with a Radial Basis Function Neural Network [J]. IEEE Aerospace and Electronic Systems Magazine, 2005, 20(3): 8-14.

[111] SEMENIUK L, NOURELDIN A. Bridging GPS outages using neural network estimates of INS position and velocity errors [J]. Measurement Science and Technology, 2006, 17(10): 2783-2798.

[112] ABDEL-HAMID W, NOURELDIN A, El-SHEIMY N. Adaptive Fuzzy Prediction of Low-Cost Inertial-Based Positioning Errors [J]. IEEE Transactions on Fuzzy Systems, 2007, 15(3): 519-529

[113] HASAN A M, SAMSUDIN K, RAMLI A R, et al. Automatic estimation of inertial navigation system errors for global positioning system outage recovery[J]. Proceedings of the Institution of Mechanical Engineers, Part G: Journal of Aerospace Engineering, 2011, 225 (G1): 86-96.

[114] HASAN A M, SAMSUDIN K, RAMLI A R. Optimizing of ANFIS for estimating INS error during GPS outages [J]. Journal of the Chinese Institute of Engineers, 2011, 34(7): 967-982.

[115] WENDEL J, MEISTER O, SCHLAILE C. An integrated GPS/

MEMS-IMU navigation system for an autonomous helicopter[J]. Aerospace Science and Technology，2006，10(6)：527－533.

[116] GODHA S，CANNON M E. GPS/MEMS INS integrated system for navigation in urban areas[J]. GPS Solutions，2007，11(3)：193－203.

[117] 何晓峰，胡小平. 无缝 GPS/INS 组合导航系统的设计与实现[J]. 国防科技大学学报，2008，30(1)：83－88.

[118] 曹娟娟，房建成. GPS 失锁时基于神经网络预测的 MEMS-SINS 误差反馈校正方法研究[J]. 宇航学报，2009，30(6)：2231－2236.

[119] 吴富梅，杨元喜. 附加速度先验信息的车载 GPS/INS/Odometer 组合导航算方法[J]. 宇航学报，2010，31(10)：2314－2320.

[120] 王松，战榆莉. 基于机动性补偿的 GPS/MEMS 微惯性器件组合方法[J]. 高技术通讯，2012，22(1)：82－87.

[121] GELB A. Applied Optimal Estimation [M]. Cambridge Mass：The MIT Press，1974.

[122] YOUNG P C，SHELLWEL S H. Time series analysis，forecasting and control[J]. IEEE Transactions on Automatic Control，1972，17(2)：281－283.

[123] GHOSH B，BASU B. Multivariate Short-Term Traffic Flow Forecasting Using Time-Series Analysis [J]. IEEE Transactions on Intelligent Transportation Systems，2009，10(2)：246－254.

[124] SHI Shanming. Artificial neural network for combining forecasts[J]. Systems Engineering and Electronics，1995，6(2)：58－64.

[125] YAN Weizhong. Toward Automatic Time-Series Forecasting Using Neural Networks [J]. IEEE Transactions on Neural Networks and Learning Systems，2012，23(7)：1028－1039.

[126] HUANG Yoping，YU Taimin. The hybrid grey-based models for temperature prediction[J]. IEEE Transactions on Systems，Man，and Cybernetics，Part B：Cybernetics，1997，27(2)：284－292.

[127] KANDIL M S，El-DEBEIKY S M，HASANIEN N E. Long-term load forecasting for fast developing utility using a knowledge-based expert system[J]. IEEE Transactions on Power Systems，2002，17(2)：491－496.

[128] HAGAN M T, DEMUTH H B, BEALE M. Neural Network Design [M]. New York: PWS Publishing, 1995.

[129] HASSOUN M H. Fundamentals of Artificial Neural Networks[M]. Cambridge Mass: MIT Press, 1995.

[130] HAYKIN S. Neural Networks: A Comprehensive Foundation[M]. 2nd ed. New York: Prentice Hall, 1999.

[131] ERIC W W, VIDROHA D, RICHARD G. Effective Software Fault Localization Using an RBF Neural Network [J]. IEEE Transactions on Reliability,2012, 61(1): 149 - 169.

[132] KHOT L R, TANG L. Time Series Forecasting Energy-efficient Organization of Wireless Sensor Networks [J]. Sensors,2007, 7(9): 1766 - 1792.

[133] 张直中. 合成孔径雷达(SAR)的最新发展[J]. 电子科技导报. 1997,25(1):1 - 7.

[134] LANARI R, AMOREIRA J R. Motion Error Determination from the Signum-Coded SAR Raw Data[J]. IEEE Transactions on Geoscience and Remote Sensing, 1993, 31(4): 907 - 913.

[135] RIGLING B D, MOSES R L. Motion Measurement Errors and Autofocus in Bistatic SAR[J]. IEEE Transactions on Image Processing, 2006, 15(4): 1008 - 1016.

[136] PEDLAR D N, COE D J. Target Geolocation Using SAR[J].Proceedings of IEE Radar, Sonar, and Navigation, 2005, 152(1): 35 - 42.

[137] KIM T J. Motion Measurement for High-Accuracy Real-Time Airborne SAR[C]//Proce edings of SPIE — The International Society for Optical Engineering, Radar Sensor Techno logy Ⅷ and Passive Millimeter-Wave Imaging Technology Ⅶ. Bellingham: SPIE, 2004, 5410: 36 - 44.

[138] 李立伟. 高分辨率机载合成孔径雷达中运动补偿问题的研究[D]. 北京: 北京航空航天大学, 1998.

[139] FARREL J L. Strapdown INS Requirements Imposed by SAR[C]. Proceedings of the IEEE 1984 National Aerospace and Electronics Conference, Naecon, 1985: 433 - 438.

[140] BUCKREUSS S. Motion compensation for airborne SAR based on inertial data，RDM and GPS[C]. Geoscience and Remote Sensing Symposium， 1994. IGARSS 94. Surface and Atmospheric Remote Sensing：Technologies，Data Analysis and Interpretation，Pasadena，CA，1994：1971 - 1973.

[141] 袁建平，方群，郑愕. GPS在飞行器定位导航中的应用[M]. 西安：西北工业大学出版社，2000.

[142] 郭智，丁赤飚. 一种高分辨率机载SAR的运动补偿方案[J]. 电子与信息学报，2004，26(2)：174 - 180.

[143] 陈关荣. 观测数据平滑的一种样条函数方法[J]. 数学的实践与认识，1982(2)：24 - 33.